ÉTUDE

SUR

L'HYPERTROPHIE GÉNÉRALE

DE LA

GLANDE MAMMAIRE

CHEZ LA FEMME

PAR

Le Docteur Édouard LABARRAQUE,

Ancien interne en médecine et en chirurgie des hôpitaux et hospices civils de Paris,
Médaille de bronze de l'Assistance publique (internat 1871),
Membre de la Société anatomique.

PARIS

LIBRAIRIE J.-B. BAILLIÈRE ET FILS,

19, rue Hautefeuille, près le boulevard Saint-Germain.

1875

ÉTUDE

SUR

L'HYPERTROPHIE GÉNÉRALE

DE LA

GLANDE MAMMAIRE

CHEZ LA FEMME

ÉTUDE

SUR

L'HYPERTROPHIE GÉNÉRALE

DE LA

GLANDE MAMMAIRE

CHEZ LA FEMME

PAR

Le Docteur Édouard LABARRAQUE,

Ancien interne en médecine et en chirurgie des hôpitaux et hospices civils de Paris,
Médaille de bronze de l'Assistance publique (internat 1874),
Membre de la Société anatomique.

PARIS

LIBRAIRIE J.-B. BAILLIÈRE ET FILS,

19, rue Hautefeuille, près le boulevard Saint-Germain.

1875

Nous avions déjà eu l'occasion, en 1868, de voir, à l'hôpital Sainte-Eugénie, dans le service de M. le Dr R. Marjolin, la jeune fille à l'hypertrophie mammaire, dont nous rapportons l'observation plus loin (voy. obs. XXX), quand nous rencontrâmes un second cas de cette affection assez rare, en somme, pendant notre internat dans le service de M. le professeur Hardy, à l'hôpital Saint-Louis.

Désireux de connaître, sur ce sujet, l'opinion des auteurs, nous avons fait des recherches assez étendues dans les divers recueils français et étrangers. Les travaux sur la matière sont peu nombreux, bien que nous donnions, ci-après, une bibliographie en apparence assez considérable; ils sont, en grande partie, composés de simples aperçus rapides, tracés dans des traités sur les maladies des femmes, et d'un certain nombre d'observations, plus ou moins discutables, d'hypertrophie mammaire. Néanmoins il nous faut citer plusieurs mémoires, tels que ceux de Kober, de Nevermann, de Fingerhuth et un article de Weitenweber, résumant, en 1847, l'état de nos connaissances. En France, l'hypertrophie mammaire a été peu étudiée : les seuls travaux un peu étendus qui existent sont les articles de Velpeau dans son *Traité des maladies du sein*, et de Nélaton, dans sa *Pathologie chirurgicale*.

Le travail que nous avons entrepris a surtout pour but de donner une idée de ce qu'on doit entendre aujourd'hui par hypertrophie générale de la glande mammaire, au point de vue des symptômes et de la marche; nous avons voulu faire une étude critique de ce que disent, à ce sujet, les divers auteurs, d'après les observations qu'ils nous ont laissées. Nous n'avons point la prétention d'élucider la question au point de vue anatomo-pathologique; le grand nombre d'opinions contradictoires professées sur l'origine des tumeurs du sein, la rareté que l'on a d'observer avec soin des cas d'hypertrophie générale, notre peu de compétence enfin en micrographie sont autant de raisons qui nous empêcheraient de trancher, dans un sens ou dans un autre, une aussi importante question. Notre but est plus modeste : nous espérons rapporter, d'une manière aussi complète que possible, l'état de la science actuelle. A de plus habiles nous laisserons le soin d'en tirer les conclusions.

Nos connaissances sont encore loin d'être complètes, non-seulement sur la pathologie de la mamelle, mais encore sur son anatomie normale aux divers âges de la

vie, et en rapport avec son fonctionnement physiologique. C'est pourquoi, si nous avons pu trouver, au
point de vue anatomo-pathologique, quelques notions
sur l'hypertrophie générale, en dehors de l'état de grossesse, nous ne saurions indiquer, en aucune façon, les
modifications qu'imprime, à la glande mammaire, une
hypertrophie générale chez une femme enceinte. On
voit que la question n'est pas encore très-avancée, et
qu'il y a besoin de quelques travaux de plus pour avan-
cer cet édifice.

Qu'il nous soit permis de remercier ici M. le professeur Richet pour les bons conseils qu'il a bien voulu
nous donner, tant en particulier que dans la brillante
leçon clinique que nous l'avons entendu faire sur notre
sujet, le 5 mars de cette année, dans l'amphithéâtre
de l'Hôtel-Dieu. Nous remercions également nos excel-
lents collègues MM. Cadiat et Ledouble, pour l'obli-
geance qu'ils ont mise à nous communiquer les résultats d'un important examen micrographique.

ÉTUDE

SUR

L'HYPERTROPHIE GÉNÉRALE

DE LA

GLANDE MAMMAIRE CHEZ LA FEMME

PRÉLIMINAIRES.

La mamelle, organe de sécrétion du lait pour le jeune être qui vient de quitter l'utérus, doit présenter nécessairement une forme et un volume différents suivant ses usages. D'abord très-peu développée à la naissance, elle augmente à l'époque de la puberté et lors de la grossesse. On conçoit que ce développement puisse être individuel, et que telle femme, petite et malingre, présente des seins volumineux, tandis qu'une femme, bien développée, peut n'avoir que des mamelles rudimentaires. C'est ainsi que le D<r> Naumann fait observer que, chez les femmes des populations polaires, on ne voit les mamelles que peu développées, ce qui les prédisposerait, selon lui, à une faible fertilité ; mais à cette

règle, comme à toutes les autres, il y a des exceptions.
Au milieu de nombreuses variétés individuelles, on ne
saurait cependant s'empêcher de reconnaître que certaines familles et même certaines populations se font
remarquer par le grand développement des mamelles
chez les femmes qui en font partie. On sait que, dans
quelques peuplades africaines, les femmes sont pour-
vues de mamelles longues et pendantes, qui souvent
descendent jusqu'aux aines et permettent aux mères
de porter le mamelon par dessus leur épaule, dans la
bouche de l'enfant qu'elles tiennent sur le dos : tout le
monde a entendu parler de la Vénus hottentote.

Mais si c'est là un état normal chez la négresse, il
est loin d'en être ainsi chez la femme blanche, où un
développement beaucoup moindre devient une infirmité, une gêne, une cause d'épuisement, une maladie,
en un mot. Les manipulations répétées, la grossesse,
l'allaitement changent la forme des seins et l'augmentent; mais leur action est bien plus prononcée encore
quand elle a lieu sur une femme prédisposée à avoir de
grosses mamelles.

Cette hypertrophie peut porter sur l'un des deux
seins ou sur les deux à la fois; nous verrons plus loin,
en parlant des symptômes, quelles sont les variétés à
cet égard. A l'état normal, du reste, il peut y avoir une
certaine différence de grosseur entre la mamelle droite
et la mamelle gauche. Dans une communication, faite
en 1847, à la Société anatomique, M. Ripault (1) a
donné les résultats de ses recherches sur ce point. On
croyait, dit-il, que le volume du sein gauche prédo-

(1) Ripault, In Bulletins de la Société anatomique, XXIIᵉ année, p. 90,
1847.

mine d'ordinaire sur celui du sein droit. Mais sur 110 sujets où il a pu établir des mensurations, 39 avaient le sein gauche plus volumineux que le sein droit ; 47, au contraire, avaient le sein droit plus volumineux que le gauche ; enfin 24 sujets avaient les deux seins égaux. Nous ferons observer que l'auteur ne nous indique pas sur quels sujets il a opéré, à quel âge, avec quelles professions, vierges, primipares ou multipares, ayant nourri ou non ; toutes ces données intéressantes auraient peut-être pu influer sur la statistique que nous venons de rapporter.

Ainsi que nous venons de le dire, les professions influent beaucoup sur le développement de l'un ou l'autre sein : dans ce cas, on doit attacher une grande importance à savoir l'exercice que prend tel ou tel membre supérieur. Si la mamelle droite est un peu plus souvent plus grosse que la gauche, c'est que, le plus ordinairement, le bras droit est plus souvent employé que le bras gauche.

Le fait contraire, c'est-à-dire la prédominance du sein gauche sur le droit, m'a été signalé chez les nourrices et les ouvrières blanchisseuses par M. le Dʳ Constantin Paul, ancien médecin de la Direction des Nourrices. Voici, selon lui, quelle en serait l'explication : la nourrice supporte bien plus souvent l'enfant sur l'avant-bras gauche que sur celui de droite ; et, en effet, à part le moment où la nourrice allaite l'enfant du sein droit, on la voit toujours tenir son nourrisson de la main gauche ; quant à l'ouvrière blanchisseuse, il est d'observation qu'elle porte généralement les paquets, et spécialement des paniers de linge fort lourd avec la main gauche bien plutôt qu'avec la main droite. On conçoit que ce que nous venons de dire puisse s'appliquer aux femmes habituées à faire agir leur membre supérieur gauche plus spécialement ; nous voulons dire aux femmes gauchères, mais nous n'avons pas de chiffres à donner à l'appui de cette manière de voir.

Ces considérations physiologiques nous servent d'intermédiaire pour arriver à l'hypertrophie générale de la glande mammaire chez la femme, affection dont nous allons essayer de donner une idée d'après ce que nous avons vu et lu.

Nous désignerons, sous le nom d'*hypertrophie géné-rale de la glande mammaire*, une affection caractérisée, d'après le sens même du mot, par un développement exagéré de cet organe, par un accroissement dans la masse, continu, uniforme et sans douleur, par l'aug-mentation des lobules de la glande, sans changement de texture. Elle ne résulte donc nullement de produits pathologiques de nouvelle formation, et reproduit exac-tement le tissu normal de la glande : c'est du moins ce qui résulte d'un examen microscopique récent fait par nos collègues et amis Cadiat et Ledouble, et portant sur un sein hypertrophié enlevé à l'Hôtel-Dieu par le pro-fesseur Richet ; nous y reviendrons en traitant de l'ana-tomie pathologique.

Nous avons, par conséquent, écarté systématique-ment les tumeurs décrites dans les auteurs sous le nom d'hypertrophie partielle, de tumeurs adénoïdes, qui sont bien limitées, et ne portent pas, comme l'hypertro-phie générale, sur la totalité d'un sein ou de tous les deux.

Nous n'avons pas cru devoir admettre les trois va-riétés d'hypertrophie générale indiquées par le profes-seur Velpeau : hypertrophie glandulaire, hypertrophie fibro-cellulaire et hypertrophie de tous les tissus avec surabondance d'éléments adipeux. Nous croyons que ce sont là plutôt des divisions théoriques que cliniques, vu qu'il est rare de ne trouver, à l autopsie, qu'une seule de ces trois variétés, et que souvent, après avoir porté le diagnostic d'hypertrophie glandulaire, on se trouve en présence d'un sein où prédomine l'élément fibreux. La marche de la maladie nous a aussi engagés à confondre ces divisions qu'avait admises l'esprit éminemment clair du professeur de la Charité.

Pour nous, enfin, les formes aiguë et chronique, indiquées par Fingerhuth, n'ont pas leur raison d'être ; sous l'influence de certaines causes dont nous nous efforcerons, chemin faisant, d'indiquer le mode d'action, la marche de la maladie peut se trouver modifiée dans un sens ou dans un autre, mais sans présenter d'autre différence qu'une activité plus ou moins grande de symptômes, toujours les mêmes dans les deux cas.

L'histoire anatomo - pathologique de l'hypertrophie générale de la glande mammaire est loin d'être indiscutable à l'heure actuelle; elle laisse encore beaucoup de desiderata que nous n'espérons pas, malheureusement, pouvoir combler. Nous nous bornerons à présenter un résumé des travaux qui ont paru sur ce sujet, ainsi que les analyses micrographiques les plus autorisées.

L'état de la peau, tout d'abord, est-il altéré au-dessus des mamelles si fort augmentées de volume? Nous n'en avons pas trouvé un seul exemple bien probant : d'ordinaire elle n'a pas changé de coloration, et si son aspect rappelle parfois celui d'une peau d'orange, avec un peu de dureté, c'est que la distension qu'elle a subie montre béants les orifices des glandes sébacées et sudoripares, absolument comme, dans les cas d'acné, on aperçoit tous les orifices de ces glandes sébacées bouchés par un petit point noirâtre. Il est rare que la peau soit épaissie, sauf parfois au début; plus tard, sa couche cellulo-adipeuse disparaît presque entièrement, et elle devient flasque. Elle peut subir ainsi une énorme distension sans que ses mailles viennent à se rompre, comme on l'observe sur la peau du ventre chez les femmes qui ont eu des grossesses. Sa structure n'a pas subi d'altération, et notamment elle n'a jamais présenté les lésions du système lymphatique qui caractérisent l'éléphantiasis, bien qu'on trouve parfois la maladie qui nous occupe désignée par l'appellation de tumeur éléphantiaque des seins, ou autre du même genre. Nous n'insisterons pas plus longtemps sur ce fait; la peau ici, comme toujours, sert d'enveloppe; ce n'est pas dans son épaisseur que l'on trouve les altérations.

Pour la glande elle-même, on y retrouve toujours, à peu près, les mêmes lésions, et ici j'entends parler de la mamelle en dehors de l'état de grossesse ou de lactation, [car nous n'avons point d'examen d'une glande hypertrophiée chez une femme enceinte ou nouvellement accouchée.

Obs. I. — M. Chassaignac montre une tumeur énorme, grosse comme la tête d'un enfant nouveau-né, et qui occupait *tout le sein*. Cette tumeur était lourde, bosselée, sans adhérence aux parties profondes, sans adhérence à la peau, qui glissait facilement sur elle. L'opération a été des plus faciles.

La tumeur offre à sa coupe, une *teinte d'un blanc jaunatre.* A sa face profonde, on voit une grande portion lisse, qui n'est autre chose qu'une bourse séreuse, placée entre le thorax et la mamelle.

Cette tumeur est un bel exemple d'hypertrophie mammaire. Il n'y avait pas de ganglions dans l'aisselle et seulement un peu d'érythème autour du mamelon (1).

Nous trouvons dans cette note, un peu courte peut-être, plusieurs données essentielles sur l'hypertrophie. La tumeur est diffuse, et non localisée, elle n'est pas adhérente, et elle offre à la coupe un aspect d'un blanc jaunâtre.

Obs. II. — M. Marcé, met sous les yeux de la Société, une *tumeur hypertrophique du sein droit,* ayant atteint le volume d'une tête d'adulte, opérée par M. Velpeau.

(1) Chassaignac, in Bulletins de la Société anatomique, XXIXe année, p. 301, 1854.

La malade est âgée de 23 ans; le sein a commencé à se développer d'une manière uniforme, il y a trois ans et demi. L'accouchement se fit à terme et d'une manière heureuse; toutefois, elle ne
put nourrir de ce côté; car, il se forma un abcès que l'on ouvrit
en trois ou quatre endroits différents.

Le volume du sein resta dès lors stationnaire.

Survint bientôt une seconde grossesse, pendant laquelle l'augmentation de volume du sein se fit de nouveau remarquer; en
peu de mois, il acquit le volume qu'il présente en ce moment.
Depuis l'accouchement, qui s'est fait heureusement il y a quatre
mois, pas de changement dans l'état de la malade.

La tumeur, dont le pédicule fut cerné par deux incisions semi-
lunaires, s'enleva avec la plus grande facilité; seulement, en la
séparant des parties profondes, on arriva au milieu d'un tissu
glanduleux tout à fait analogue à la glande mammaire à l'état
normal.

Elle est à peu près uniformément arrondie; la peau qui la recouvre est sillonnée de traînées pigmentaires, dues probablement
aux grossesses antécédentes; le mamelon n'est plus à sa partie
moyenne, mais tout à fait au niveau du bord inférieur du sein.

La circonférence de la tumeur est de 50 centimètres au niveau
de sa partie moyenne; le pédicule n'a que 40 centimètres; son
poids, immédiatement après l'opération, fut trouvé de 4 livres et
demie. En disséquant la peau qui la recouvre, on constate qu'elle
lui est unie par du tissu cellulaire très-lâche et très-mobile, sauf
au niveau des cicatrices d'abcès où les adhérences sont plus in-
times. On voit, du reste, qu'elle est très-distinctement lobulée, et
qu'avec un peu de soin, il devient facile de séparer ces lobules les
uns des autres; en un point, un peu en dehors et en bas, on retrouve, d'une manière distincte, des grains glanduleux, appartenant à la glande mammaire saine; il n'existe pas d'adhérences
entre cette portion saine, qui, du reste, est très-peu considérable,
et la portion hypertrophiée.......

Plusieurs coupes sont pratiquées selon le grand diamètre de la
tumeur; sur toutes, on voit distinctement les lobes réunis par du
tissu fibreux assez abondant; le tissu est blanc, résistant, élastique;
il ne se laisse pas écraser par la pression du doigt, et l'on n'en fait

suinter qu'un liquide visqueux, analogue à de la synovie. Sur quelques-unes, on rencontre, nichées au milieu du tissu glandulaire, des masses blanchâtres, dont quelques-unes atteignent le volume d'une petite noix ; elles sont molles, onctueuses au toucher, solubles dans l'eau, et offrent tous les caractères physiques du caséum.

L'examen microscopique n'a fait découvrir autre chose que des culs-de-sac glandulaires et des globules graisseux en grande abondance (1).

Ici l'on rencontre quelques canaux galactophores élargis ; et çà et là des masses de caséum ou de matières grasses. M. Manec a signalé un agrandissement si considérable de ces canaux qu'on aurait pu y introduire le petit doigt ; ils contenaient un liquide séro-muqueux que nous retrouverons par la suite, et même, çà et là, du véritable lait.

Skuhersky signale également la dilatation des vaisseaux lymphatiques.

Les veines sont visiblement élargies, tandis que les artères sont normales.

Le sang, d'après Naumann, renfermerait beaucoup d'acide carbonique libre.

Les nerfs, d'après Fingerhuth, ne sont ni plus volumineux, ni amincis ; mais, comparés avec le volume considérable de la glande hypertrophiée, ils paraissent amoindris, bien qu'en réalité, ils aient conservé leurs dimensions primitives. Toutefois, dans certains points où les nerfs paraissent plus résistants et plus durs, on reconnaît que la masse nerveuse a perdu une partie de son tissu médullaire.

Telle est, à peu près, la grosse anatomie de l'hyper-

(1) Marcé. In Bulletin de la Société anat., **XXIX**ᵉ année, p. 200, 1854.

trophie générale ; quant à l'anatomie micrographique, nous allons la rechercher dans une observation allemande, et dans l'examen d'une tumeur hypertrophique que nous avons rapportée plus loin (Observ. XXI).

Obs. III. — (Résumée). Femme de 26 ans ; jamais de troubles des fonctions menstruelles. En 1850, développement d'une tumeur au sein gauche. Après le mariage, en 1853, et après deux grossesses, la tumeur prit un développement de plus en plus grand, et finalement acquit un tel volume, que le sein atteignait l'ombilic. En juin 1858, le sein fut enlevé ; il pesait 16 livres et demie.

Examen. — Téguments amincis, normaux ; tissu adipeux abondant, traversé de canaux galactophores de dimensions variées, se réunissant dans la région du mamelon, pour former des sinus du volume d'une noisette, et s'ouvrant à la façon ordinaire au mamelon. La masse de la glande était polie, brillante, unie, traversée de nombreux canaux galactophores, distendus par du lait, avec des dilatations et des rétrécissements successifs. Il y avait un *abondant stroma fibreux* d'un gris blanchâtre, parsemé d'acini à reflet légèrement rougeâtre, s'ouvrant, par l'intermédiaire de conduits extrêmement longs, dans les gros canaux galactophores. Dans la moitié inférieure du sein, on voit une cavité du volume du poing, environnée d'un tissu compact de deux doigts d'épaisseur et remplie de lait. Les parois présentaient des irrégularités dues à des masses de tissu conjonctif, recouvertes d'une matière butyreuse, et où s'ouvraient un grand nombre de canaux galactophores grands et petits.

Il y avait d'autres cavités analogues, du volume d'une noix ou d'une cerise, parsemées çà et là dans la masse glandulaire.

Au microscope, sur des fragments cuits dans de l'acide pyroligneux étendu, puis séchés, on trouve que le stroma consistait en tractus fibreux de tissu conjonctif feutré assez grossier, et dont les cellules, munies de nombreux prolongements, communiquent entre elles, et contiennent, par ci par là, quelques granulations graisseuses. Les petites vésicules, pyriformes, arrondies ou allongées des acini présentent environ sept à neuf centièmes de ligne (un à deux centièmes de millimètre), c'est-à-dire sont un peu plus volumineuses qu'à l'état

normal, et renferment, de même que les premiers conduits excréteurs, un grand nombre de petits noyaux avec des nucléoles bril-
lants, à contour très-net, et un grand nombre de globules graisseux.

Les conduits excréteurs, plus volumineux, avaient une structure
ordinaire. Les parois des cavités étaient formées par un tissu conjonctif à fibres compactes, entremêlées de cellules, mais sans aucune trace d'éléments glandulaires. Aucun revêtement épithélial
L'origine de ces cavités était due très-probablement à une dilatation partielle du tissu par accumulation de son contenu, qui avait
amené d'une part une destruction de la substance glandulaire;
d'autre part, une nouvelle formation de tissu conjonctif.

Le lait qui s'écoula de la tumeur et qu'on peut évaluer à près
de deux litres, était mélangé, çà et là, de quelques stries sanguines;
très-blanc, sans odeur, de réaction alcaline, et épais, il offrait
l'aspect de la meilleure crême. Son poids spécifique était de 0,98
à 0,99; on sait que la densité normale du lait de femme est de
1,020 à 1,046.

L'analyse quantitative en a été faite par le professeur Schloss-
berger ; en voici les résultats :

Eau.	67,52
Graisse	28,54
Sucre et matières extractives. . .	0,75
Caséine.	2,75
Sels.	0,41

Cette observation est remarquable en ce que l'hypertrophie
porte sur un seul sein, et qu'elle s'est produite sans trouble des
fonctions menstruelles et sexuelles. Il y avait une quantité extraordinaire de graisse dans le lait qui s'en écoula (1).

Le professeur Velpeau avait déjà voulu, en 1854,
distinguer une hypertrophie fibreuse ; mais M. Broca (2)
croit qu'on doit ranger l'hypertrophie mammaire parmi
les adénômes, tandis que Virchow (3), incline à penser
qu'on en doit faire un fibrome diffus.

(1) Lotzbeck. In Schmidt's Jahrbucher, etc. T. CVI, p. 51, 1860.
(2) P. Broca. Traité des tumeurs, t. II, p. 460, 1869.
(3) R. Virchow. Pathologie des tumeurs, traduit par Aronssohn, t. I,
p. 325, 1867.

C'est plutôt à cette dernière manière de voir que nous rallierions, d'après les résultats de l'examen d'une mamelle hypertrophiée, enlevée par le professeur Richet, le 5 mars dernier, à l'Hôtel-Dieu. (V. obs. XXXI.)

Voici les données qui nous ont été fournies à ce sujet, par nos collègues, MM. Ledouble et Cadiat; la tumeur a aussi été examinée, par M. Liouville, dans le laboratoire de l'Hôtel-Dieu :

Le sein pesait 1985 grammes. A l'œil nu, on apercevait des lobules fortement serrés les uns contre les autres, environ du volume d'une grosse noix : en arrière, il y en avait un de sphacélé, sur lequel avait porté l'action du couteau galvanique. Le tissu cellulo-adipeux avait disparu ; entre les lobes, on apercevait, çà et là, un certain nombre de kystes vésiculaires, gros comme des noyaux de cerises, et contenant un liquide transparent, filant, analogue à du mucus.

M. Cadiat qui, dans un travail récent (1), a émis l'idée que le sein n'existe pas comme glande à l'état normal, en dehors de la grossesse, pense que notre tumeur n'est qu'une exagération de cette texture normale, et que, par conséquent, elle est surtout formée de tissu fibreux. On pouvait, du reste, dit-il, facilement se rendre compte de ce fait, en mettant un morceau de la tumeur dans une solution d'acide acétique, il devenait transparent et gélatineux, comme un morceau de tendon. Au milieu de cette masse si considérable de tissu fibreux, on voyait çà et là quelques canaux galactophores fins, perdus dans la gangue fibreuse, plus volumineux néanmoins qu'ils ne le sont à l'état normal, en

____

(1) Cadiat. Du développement des tumeurs cystiques du sein, 1874.

Labarraque. 3

dehors de la grossesse : ils sont tapissés par un épithélium pavimenteux ; çà et là on rencontre quelques culs-
de-sac glandulaires dans lesquels on aperçoit un épithélium incomplètement développé.

On le voit, le tissu fibreux prédomine, il étouffe les
canaux, ce qui explique assez le défaut de sécrétion
lactée chez les femmes atteintes d'hypertrophie mammaire.

Nous allons maintenant rapporter la seule observation
bien authentique que nous connaissions, où aient été
signalées ces altérations au microscope ; elle est due à
MM. Demarquay et Robin :

Obs. IV. — *Hypertrophie mammaire générale d'un côté, ablation,
guérison.* —Madame X. âgée de 40 ans entre, le 25 novembre 1858,
à la maison municipale de santé. Cette dame, d'une bonne santé
habituelle, d'une taille moyenne, n'a jamais présenté aucune ma-
nifestation d'une diathèse quelconque. Réglée à l'âge de quinze
ans, elle l'a toujours été régulièrement. Elle a eu deux grossesses,
la dernière a eu lieu il y a six ans. Elle a nourri chacun de ses enfants pendant un an. Lors de sa dernière grossesse, elle s'aperçut
que son sein gauche augmentait de volume. Elle ne sentait aucun
point de la mamelle plus dur, plus volumineux ; il y avait seulement accroissement général du volume de la glande. Son médecin
l'engagea à ne nourrir son enfant que du sein droit. Malgré cette
précaution l'augmentation du sein continua. Elle n'y ressentait
aucune douleur. Il y a cinq ans, elle consulta M. Velpeau, qui
prescrivit un traitement fondant. Tous les mois elle devait appliquer huit sangsues dans le creux de l'aisselle; elle devait se purger
tous les huit jours, et faire des frictions sur le sein avec une pommade à l'iodure de potassium. Le traitement fut suivi pendant
trois mois ; mais, comme la tumeur ne diminuait pas, que la malade éprouvait des troubles digestifs et s'amaigrissait, elle cessa
ce traitement. Depuis lors, elle a essayé, sans succès, toutes sortes
de pommades. Elle n'a pas eu ses règles depuis quatre mois, et

c'est depuis cinq mois seulement que la tumeur a augmenté de volume avec une grande rapidité.

Elle éprouve de l'inappétence depuis quelque temps, et elle remarque qu'elle maigrit de jour en jour. Le poids de la mamelle s'opposant à la dilatation complète du thorax, elle respire avec difficulté. Pendant la nuit elle a une transpiration abondante. Elle entre à la maison de santé pour être débarrassée de cette tumeur incommode, dont le développement inquiétant menace sa santé.

La mamelle gauche a le volume d'une grosse tête d'adulte ; sa base est largement pédiculée, glissant librement sur la paroi thoracique. La surface de la mamelle est bosselée d'une manière inégale ; la peau est violacée, lisse, sillonnée par d'énormes veines du calibre du petit doigt à gauche et en haut ; la peau sous laquelle rampe une de ces veines est très-amincie et distendue ; sa déchirure est imminente. Le mamelon est presque complètement effacé et porté en bas et à gauche ; il n'y a plus trace d'aréole. Par la palpation, on sent des veines de consistance très-molle, au milieu desquelles sont des points durs, et la partie externe paraissant se prolonger jusque dans l'aisselle présente une grosse masse de consistance plus ferme, rappelant celle des tumeurs fibreuses. C'est cette partie de la tumeur dont le développement est plus récent, au dire de la malade. En embrassant la base de la mamelle avec les deux mains, on la pédiculise facilement et l'on voit se tuméfier toutes les veines qui sillonnent sa surface. La circonférence de la base est de 66 centimètres ; une ligne tirée un peu obliquement de haut en bas, et de dedans en dehors, du sternum au mamelon, mesure 33 centimètres ; la demi-circonférence de la tumeur, de haut en bas et dans le sens antéro-postérieur, est de 48 centimètres.

Le 30 décembre, la malade étant chloroformée, M. Demarquay procéda à l'ablation de la tumeur en présence de MM. Monod et Giraud-Teulon. La base est circonscrite par deux incisions courbes ; l'incision courbe supérieure est pratiquée en premier lieu. L'écoulement de sang veineux est moins considérable qu'on ne s'y attendait. La tumeur est énucléée sans difficulté aucune. Il s'écoule, après la première incision, de l'intérieur de cette masse, par une ouverture placée entre deux lobules de la partie supérieure, *une*

quantité co isi lérable de liqui le purulent. Un très-grand nombre d'artères sont liées ; mais aucune n'a un calibre développé. Tous les
fils des ligatures sont coupés, et la plaie réunie par première
intention. La suture est pratiquée avec des fils d'argent. Les lèvres
de la plaie ne sont pas réunies à l'extrémité externe et inférieure
pour permettre l'écoulement du pus.

Examen de la tumeur. Son poids est de 4 kilogrammes ; elle présente la forme d'une demi-sphère aplatie. La peau qui la
recouvre est amincie ; le pannicule graisseux, si abondant
d'ordinaire dans cette région, a complètement disparu. Toute
la masse est enveloppée par un mince feuillet fibreux, qui
s'enlève facilement. Au-dessous, on voit des masses lobulaires,
de grandeurs et de formes différentes ; chacune est enve'oppée
par une membrane fibreuse assez épaisse, de sorte qu'elles sont
isolées parfaitement les unes des autres. Le volume de ces lobes
est variable ; les plus gros ont la dimension d'un rein ; il en est
d'autres qui ne sont pas plus gros qu'une noix. En les séparant les
uns des autres par la dissection, on voit au centre de la tumeur
une grande cavité anfractueuse, renfermant encore du liquide
d'aspect purulent, dont la plus grande quantité s'est écoulée pendant l'opération. L'examen micrographique de ce liquide sera rapporté plus loin. On n'a pu retrouver *aucune trace des canaux galactophores* : la peau a été enlevée très-facilement au point où était la
trace du mamelon. La consistance de ces divers lobes n'est pas la
même ; il en est de très-durs, d'autres de consistance molle.

Ces différentes masses sont ouvertes successivement. L'aspect
de la surface de leur coupe varie presque avec chacune d'elles.
Dans le plus grand nombre on voit, à la coupe, une surface blanchâtre, granuleuse, graissant peu l'instrument tranchant. En disséquant ces granulations, on voit qu'elles sont parcourues par de
petits canaux dont la surface interne est lisse, polie, humectée par
un liquide onctueux. Ces granulations forment des culs-de-sac
plongeant dans la gangue fibreuse. Dans quelques lobes sont de
petits kystes vésiculaires, à enveloppe mince, remplis du même
liquide filant. Dans deux ou trois lobes, *l'élément glanduleux* existe
encore, mais en *moins grande abondance* ; il n'y a plus que quelques
granulations blanchâtres perdues dans une graisse jaunâtre, qui

est parcourue par des bandes fibreuses. Les lobes qui ont la consistance fibreuse présentaient à la coupe une surface blanche, unie, presque .lisse, et il n'y a plus de granulations; *leur aspect rappelle tout à fait celui des tumeurs dites fibreuses.* Enfin, un ou deux lobes assez volumineux sont entourés par une *coque fibreuse, épaisse, résistante;* le scalpel les divise avec peine : leur surface a une *apparence fibroïde* ; leur *consistance* est *lardacée* ; mais, en râclant la surface, on ne rapporte pas sur la lame du scalpel le suc cancéreux caractéristique.

M. le Dr Dufour a examiné avec soin divers morceaux de la tumeur, et nous a remis la note suivante :

Sur plusieurs morceaux, deux étaient composés en grande partie de graisse, d'un blanc mat, constituée par de superbes vésicules adipeuses, et non par des granulations graisseuses, comme on en voît parfois dans certaines tumeurs mammaires. C'était donc du tissu adipeux véritable. Tous les autres morceaux présentaient une texture identique ; dans deux ou trois seulement on pouvait retrouver, dans certains points, les restes du tissu mammaire normal caractérisé par des acini bien évidents, avec leur épithélium normal. Le reste des morceaux à structure identique était formé de *tissu fibreux à différents états,* soit de fibres proprement dites, soit de masses légèrement granuleuses et d'aspect fibroïde, le tout entrelacé de nombreux noyaux et de cellules allongées du tissu conjonctif (autrement dit noyaux et cellules fusiformes fibro-plastiques). L'une de ces masses de tissu fibreux affecte une disposition remarquable : elle paraît s'être développée immédiatement dans la sphère celluleuse qui englobe et relie entre eux les plus petits lobules de la glande, de manière que l'ensemble de cette masse simule, à s'y méprendre, l'aspect d'une hypertrophie glandulaire de la mamelle. Nulle part, au microscope, on ne découvre d'acini mammaires avec leur épithélium ; seulement les trousseaux fibreux affectent la forme d'ampoule des acini autour desquels ils paraissent s'être développés; ils les auraient ainsi étouffés, en quelque sorte, par leur développement morbide.

M. Robin a aussi constaté une hypertrophie portant à la fois sur les éléments glandulaires et sur la trame fibreuse; les différents aspects du tissu tenaient à la plus ou moins grande quantité relative de cette trame et des culs-de-sac glandulaires. Il a examiné, au microscope, le liquide trouvé dans la cavité dont nous avons parlé, et l'a trouvé formé par une sérosité tenant en suspension des globules, dits du mucus, la plupart devenus granuleux, un grand nombre de granules ou de gouttelettes huileuses, et une assez grande quantité de globules sanguins (1).

On pourrait croire, au premier abord, en lisant cette observation, qu'on a eu affaire, en ce cas, à une tumeur adénoïde; mais le microscope ayant prononcé, il n'y a plus qu'à s'incliner devant cette décision.

(1) Demarquay, In Gazette médicale de Paris, 1859, p. 818.

CAUSES.

Les causes de l'hypertrophie de la mamelle sont assez
nombreuses ; du moins, les auteurs rapportent à un
grand nombre de circonstances l'origine de la maladie.

Comme toujours, on a voulu les diviser en prédispo-
santes et occasionnelles ; les premières tiendraient au
jeune âge, à une menstruation hâtive chez de jeunes
femmes ayant des seins volumineux ; tel est l'avis de
Palmuth (1), de Jördens (2) et de Skuhersky (3) ; une autre cause prédisposante résiderait dans un tempérament lymphatico-sanguin avec une tendance prononcée à l'activité sexuelle.

Quant aux causes occasionnelles, la classe la plus
nombreuse, il faut noter celles qui influent sur les fonctions menstruelles, produisant l'aménorrhée, la suppression des règles, la grossesse et les couches ; elles
entraînent des congestions sympathiques du côté des
seins. Notons encore l'usage des aliments et des bois-
sons excitants et échauffants à l'époque de la puberté,
les excitations répétées des mamelles, les refroidisse-

(1) Phil. Palmuthi observationum medicarum centuriæ tres posthumæ, Brunswig, 1648, centur. III, obs. 89.

(2) Jördens, in Hufeland's Journal, 1801.

(3) F. A. Skuhersky, in Weitenweber's Neue Beiträge zur Medicin und
Chirurgie, Prag., 1841.

ments. Enfin n'oublions pas les coups, chûtes et violences extérieures quelconques. Nous allons passer successivement en revue chacune des causes aussi rapidement mentionnées, et nous insisterons un peu sur celles qui nous paraissent les plus importantes.

L'âge a certainement une influence très-grande sur le développement de l'hypertrophie mammaire. Cette maladie est une affection du jeune âge. D'ordinaire, c'est à l'époque de la puberté qu'elle apparaît de préférence, à l'âge de transition chez la femme. A part deux observations où elle s'est montrée, une fois à 36 ans et une autre fois à 48 ans, c'est entre 14 ans et 30 ans qu'elle a semblé le plus fréquente. Sur 26 cas que nous avons péniblement réunis d'hypertrophie générale de la glande mammaire, voici quelles sont les données que nous avons relevées en ce qui concerne l'âge des sujets affectés :

1 fois à la puberté, sans autre indication.
2 — à l'âge de 14 ans.
1 — — 15 —
2 — — 15 1/2
2 — — 16 ans.
2 — — 17 —
1 — — 18 —
1 — — 19 —
3 — — 20 —
3 — — 23 —
3 — — 26 —

1 fois à l'âge de 28 ans.
1 —   —   29 —
1 —   —   30 —
1 —   —   36 —
1 —   —   48 —

On le voit, c'est principalement entre 20 et 26 ans qu'on l'observe le plus ordinairement, c'est-à-dire en plein dans la période d'activité sexuelle de la femme, lorsque les seins peuvent recevoir des organes génitaux une impulsion énorme.

Comment, dans cette circonstance, se comportent les deux seins de la femme? Nélaton (1) dit que, d'ordinaire, les deux mamelles sont prises simultanément, ce qui s'observe assurément dans le plus grand nombre des cas; mais il avance que, s'il n'y a qu'un seul sein de pris, c'est plus souvent le sein gauche que le sein droit. Nous ne savons trop sur quelles raisons il appuie sa manière de voir; toujours est-il qu'après avoir dépouillé avec soin chacune des observations dont nous venons de parler, nous avons vu que l'hypertrophie s'était montrée 5 fois dans le sein droit et seulement 3 fois dans le sein gauche; qu'elle avait occupé simultanément 9 fois les deux seins, dont 4 fois sous l'influence de la grossesse, et, qu'enfin, s'étant montrée dans les deux seins ensemble, elle avait prédominé 3 fois dans le droit et 5 fois dans le gauche. Il est difficile, avec ces données, d'arriver à des conclusions positives sur l'état de la question : l'hypertrophie se présente donc à peu près indifféremment sur les deux seins ensemble, ou sur l'un ou l'autre séparément.

(1) Nélaton. Pathologie chirurgicale, t. IV, p. 35, 1857.

C'est une maladie assez rare dans notre pays. Suivant le professeur Velpeau, on l'observerait plus fréquemment aux Indes, en Amérique, en Angleterre et en Allemagne qu'en France. A quoi tient cette différence? nous ne saurions le dire; mais le climat, dans les pays chauds, doit certainement exercer une grande influence. Nous avons déjà vu que le voisinage du pôle était défavorable au développement des glandes mammaires, en même temps que, sous ces latitudes inclémentes, les femmes sont moins sujettes à la fécondité.

Astley Cooper (1) a voulu voir une cause prédisposante dans le célibat; volontiers, il conseillerait le mariage et la grossesse; c'était, au reste, aussi l'opinion du professeur Velpeau (2) qui a indiqué plusieurs fois aussi le même mode de traitement. Nous ne saurions, en aucune façon, adopter cette manière de voir, et nous donnerons, un peu plus loin, les raisons qui nous font nous éloigner ainsi de ces savants maîtres.

On a noté, une fois, une hypertrophie passagère générale des deux seins, coïncidant avec des accès de fièvre intermittente; nous n'en connaissons pas d'autre exemple que celui que rapporte M. Ferrus (d'Alger), que voici, et où le sulfate de quinine a débarrassé à la fois la malade de ses accès de fièvre et de son hypertrophie.

Obs. V. — *Hypertrophie des mamelles survenant pendant la durée d'un accès de fièvre intermittente.* — L'année dernière, je donnais mes soins à une jeune femme espagnole, atteinte de fièvre intermit-

(1) Astley Cooper. Œuvres chirurgicales, traduction française de MM. Chassaignac et Richelot, Paris, 1838.

(2) Velpeau. Traité des maladies du sein et de la région mammaire, Paris, 1857.

tente contractée dans la province d'Oran. A ma troisième visite, elle me fit remarquer la dureté de son sein, et l'exagération de son volume. Il y avait de la chaleur et de la douleur qui se propageaient jusque sous les aisselles. Frappé de cette observation, je pensai que la fièvre ne devait être que symptomatique de l'engorgement des glandes thoraciques que je devais combattre afin de le faire disparaître. Communiquant cette réflexion à la malade, elle me répondit : Cela ne m'arrive que pendant mes accès ; une fois passés, il ne me reste plus qu'un peu de douleur, et j'en prévois le retour au moment où elle se fait plus vivement sentir, avec l'augmentation de leurs proportions peu remarquable dans mon état de santé (ce que j'ai constaté plusieurs fois.)

En effet, l'administration du sulfate de quinine, continuée plusieurs jours, fit disparaître cette hypertrophie si fréquente dans la rate, le foie, et non encore signalée dans l'organe dont je viens de parler. J'ai communiqué ce fait à plusieurs de mes collègues à Alger : tous m'ont répondu qu'ils n'avaient jamais eu occasion de le vérifier. Il a été communiqué à l'Académie de médecine, où il a passé entièrement inaperçu (1).

Nous avons rapporté ce fait plutôt par curiosité que dans un intérêt scientifique ; il n'en est pas moins vrai que toutes les causes qui tendent à congestionner le sein, le font augmenter de volume, quelquefois avec douleur, le plus souvent sans autre chose qu'un peu de gêne. Toutefois, nous ferons encore observer qu'ici le praticien d'Alger nous paraît avoir eu affaire à une congestion légèrement inflammatoire, et il aurait pu arriver peut-être que sa malade eût une mammite, s'il n'avait pas cédé à l'indication d'administrer le sulfate de quinine.

L'excitation répétée des mamelles, l'onanisme se-

(1) Ferrus, in Gazette des hôpitaux, 1846, nº 90, p. 358.

raient encore, d'après Hunter-Lane (1), une cause prédisposante à l'hypertrophie mammaire. Certainement
ces causes sont adjuvantes, de même que les excès de
coït, que nous avons déjà signalés chez les femmes pas-
sionnées ; mais nous n'avons pas vu de cas authentique
où l'on n'ait attribué qu'à cette cause l'origine de la
maladie.

Les troubles de la menstruation jouent un rôle des plus
importants et des plus universellement reconnus. On
peut cependant remarquer à ce sujet plusieurs variétés :
les règles n'ont pas encore paru ; la maladie se confond
avec leur apparition première ; elle apparaît chez des
femmes irrégulièrement menstruées, ou enfin elle reconnaît pour cause la suppression des époques menstruelles ; d'autres fois, au contraire, elle est attribuée
à un flux menstruel exagéré.

Cette cause était déjà connue et indiquée par les auteurs anciens, ainsi que nous le montre le passage
suivant du livre de Sennert : « Magnitudo autem ista
« proximè equidem dependet à boni alimenti, seu san-
« guinis copiâ, calorisque, cum attrahentis, tum co-
« quentis, robore. Verum primaria causa procul dubio
« est viarum amplitudo, et partium illarum in mammis
« fungosarum laxitas, quæ ex primâ conformatione
« ortum habet. Confert tamen etiam aliquid hic epatis
« robur, multum sanguinem generantis, et ciborum
« boni et multi succi usus copiosior, otium, somnus mul-
« tus, et *mensium fluxus mediocris vel parcior* ; sicut et
« sequens mammarum contrectatio, quâ calor et san-
« guis copiosior ad eas attrahitur » (2).

(1) Hunter Lane. In Schmidt's Jahrbucher der in und Auslandischen
gesammten Medicin, 1835, p. 171.
(2) J. Sennerti. Practic. medicinæ, 3e édit., 1660, lib. V, Pars III,
sect. I cap. I.

On voit souvent les seins augmenter de volume chez les filles qui ne sont pas encore réglées : tels sont les cas de M. Marjolin, sur une fille de 15 ans et demi; de M. Malgaigne, sur une fille de 16 ans ; de M. Manec, sur une malade de 18 ans, et enfin de Borel, sur une femme de 20 ans. On comprend que, dans ces cas, la maladie débute dans le jeune âge, et que les moyens qui favorisent le flux menstruel puissent avoir sur les seins une influence décongestionnante.

Hunter-Lane vit une fille de 19 ans, qui n'était pas encore menstruée, et dont les seins avaient commencé à s'hypertrophier à l'âge de 17 ans ; sous l'influence du seigle ergoté et de la teinture d'iode, les seins diminuèrent, et leur volume revint à peu près à l'état normal.

Enfin, nous citerons la courte note suivante due au Dr Schaal, de Culm, et où on ne trouve que peu de détails, à part l'indication de la cause :

Obs. VI. — *Développement extraordinaire d'une mamelle.* — M. L...,
âgée de 36 ans, a le sein droit d'une telle grosseur, qu'il descend jusque sur son ventre, où il prend un point d'appui, au dire du Dr Schaal, de Culm. Le sein a une longueur d'un pied et demi (48 centimètres), une circonférence de 5 pieds (1 mètre 62 c.) et pèse de 25 à 30 livres (de 11 à 13 kil. et demi). Le sein tout entier est bosselé, enflammé çà et là et douloureux; la peau est sillonnée de gros vaisseaux en nombre considérable. Cette affection remonte à dix-huit ans. La malade est cachectique et *n'a jamais été réglée* (1).

D'autres fois, c'est à l'occasion de l'établissement des premières règles que l'hypertrophie mammaire s'établit; tel est le cas de Huston, qui s'est terminé d'une

(1) Schaal, in Rust's Magazin fur die gesammte Heilkun de, t. XIX 1825, p. 360.

façon si fâcheuse par la gangrène ; tel, celui que M. le professeur Richet a bien voulu nous communiquer, qu'il a traité par la compression, et que nous donnerons plus loin, en parlant de la compression élastique, au chapitre du Traitement.

L'irrégularité des règles a aussi été signalée, principalement par Fingerhuth (1). Nous signalerons, à ce sujet, l'observation suivante, recueillie dans le service de M. le professeur Le Fort, à l'hôpital Cochin :

Obs. VII. – *Hypertrophie des deux glandes mammaires.* — (Inédite. Communiquée par M. Ory). — C. M..., âgée de 19 ans, chapelière, entre le 23 juin 1869, à l'hôpital Cochin, salle Saint Jacques, n° 22, service de M. Le Fort.

Cette femme *a toujours été irrégulièrement menstruée* avant son mariage, et, depuis trois mois, n'ayant pas vu ses règles, elle se croit enceinte. Mariée depuis cinq mois, elle avait déjà remarqué, depuis un an et demi, une augmentation insensible et progressive de ses seins; auparavant, au contraire, ils n'avaient rien présenté d'anormal.

Jusqu'à il y a deux ans, elle a habité dans la Côte-d'Or, à Saulieu; actuellement, elle réside à la Butte-aux-Cailles, où elle se livre au commerce des peaux de lapin. Elle se nourrit bien et se fatigue peu; elle boit souvent, dit-elle, de l'eau de puits, eau assez peu agréable à Paris, comme chacun sait.

Le sein droit est plus développé que le gauche; ils ont commencé ensemble à s'hypertrophier.

Sein droit. — Grande circonférence, à la moitié de la saillie du sein, 64 centimètres; à la base 61 centimètres; diamètre vertical, 41 centimètres; diamètre horizontal, 51 centimètres; diamètre de l'aréole, 12 centimètres.

Sein gauche. — Grande circonférence, à la moitié de la saillie du sein, 61 centimètres; à la base, 59 centimètres; diamètre vertical, 37 centimètres; diamètre horizontal, 44 centimètres; diamètre de l'aréole, 9 centimètres.

(1) Fingerhuth, in Zeitschrift fur die gesammte Medicin, 1er semestre 1837. Traduit in Archives génér. de méd., 2e série, t. XIV, 1837, p. 446.

Sur le sein droit, au toucher, la peau paraît épaissie, surtout à la partie interne et inférieure, elle est comme piquetée et offre à la vue les orifices dilatés des glandes. Le sein gauche présente les mêmes caractères. Les deux mamelles ne donnent l'idée d'aucune tumeur ; leur sensibilité cutanée est normale.

On a essayé la compression élastique avec de larges bandes de caoutchouc ; on a cru remarquer une légère amélioration ; mais la malade a quitté l'hôpital, le 22 juillet 1869, trop tôt pour pouvoir être assurée d'un résultat efficace.

Enfin, parmi les causes qui tiennent aux troubles de la menstruation, nous devons indiquer la suppression brusque des règles. Hey (1) nous dit que sa malade a vu ses règles se supprimer après s'être lavé les pieds à l'eau froide (voy. observ. 29). Grähs (2) nous raconte l'histoire d'une fille qui vit ses seins grossir à la suite d'un brusque arrêt des règles après un bain (observ. 16). Nous rapportons aussi plus loin une observation personnelle d'une fille de 15 ans et demi, qui assigne au début de sa maladie, une suppression des menstrues qui n'a duré qu'un mois du reste (observ. 31). M. Bouyer (de Saintes) (3) nous parle aussi d'une malade dont les seins ont commencé à grossir à partir du moment où elle a vu ses règles se supprimer brusquement (observ. 32).

Nous devons encore à Hunter Lane d'avoir indiqué l'influence de règles trop violentes.

En dehors des troubles du côté de la menstruation, il est une autre grande cause de l'hypertrophie mam-

(1) W. Hey. Practical observations in Surgery, 2e éd., London, 1810, p. 500.

(2) Grähs in Schmidt's Jahrbucher, etc., t. CXVIII, p. 44, 1863.

(3) Bouyer (de Saintes), in Arch. génér. de méd., 4e série, t. XXVI, 1851. Rapport de Robert et in Bull. de l'Acad. de méd., 1850-51, t. XVI, p. 758.

maire générale, nous voulons parler de la grossesse. Il n'est pas douteux que la conception ne vienne exciter l'augmentation de volume des seins quand elle n'existe pas encore, ou l'accroître chez les femmes qui en sont déjà affectées.

Jördens (1) nous dit qu'il a observé l'hypertrophie des seins recommençant à chaque grossesse. Van Swieten (2) nous cite à ce sujet l'observation suivante :

Obs. VIII. — *Hypertrophie mammaire, présentant un développement exagéré à chaque grossesse.* — J'eus l'occasion, dit-il, de voir deux fois chez la même femme, un fait bien curieux. Pendant la grossesse, la mamelle droite se mit à grossir sans douleur ; cette tumeur augmentait de volume jour par jour, en sorte qu'au huitième mois, la tumeur descendait sur les cuisses de la malheureuse, qui ne pouvait la supporter qu'avec un bandage suspenseur. Dans cette masse, je distinguais facilement six lobes du volume du poing, distincts les uns des autres, assez mobiles. Je craignais une issue funeste, quand, à mon grand étonnement, j'eus à constater, après un heureux accouchement, la diminution de la tumeur, réduite presque en entier, dans l'espace de deux mois; il ne resta aucune induration ; elle était cependant flasque et plus pendante que la gauche. Deux ans après, mêmes phénomènes à une autre grossesse; même issue.

Tel est aussi le cas d'Iverg (1) concernant une femme de 26 ans, chez laquelle, à trois grossesses successives, il s'est manifesté un gonflement douloureux et tellement considérable, à partir de la suppression des règles, que,

<hr>

(1) F. J. Jördens, in Hufeland's Journal der prakt. Heilkunde, Berlin, 1801, XII, Bandes, Stuck I, S. 28.

(2) Gerh. Van-Swieten. Commentaria in H. Boerhaave Aphorismos de cognoscendis et curandis morbis. Ludg. Batav., 1764, t. IV, de morbis virginum, p. 394.

(3) Iverg, In Hufeland's Journal der prakt. Heilkunde, Berlin, 1801. XIII Band.

à la fin de la grossesse, les mamelles descendaient plus bas que le bas-ventre, et que, quand elle était assise, elles reposaient sur ses cuisses qu'elles recouvraient à moitié.

On en rencontre aussi de beaux exemples dans les observations de Skuhersky (observ. 14) et de Sacaza (observ. 28) où l'on put voir successivement, dans les deux cas, trois grossesses, et où, chaque fois, les seins prirent un accroissement énorme, Dans un cas, le premier, la mort arriva par épuisement.

Nous nous bornerons à en transcrire ici deux faits assez nets, qui pourront donner une idée du mode d'action de cette cause.

Obs. IX. — *Hypertrophie mammaire générale, suite de grossesse.* — Une jeune fille, née de parents sains, de constitution assez robuste, avait les seins développés, sans qu'ils excédassent toutefois les p oportions ordinaires.

Mariée à 20 ans, elle eut, peu de mois après, une suspension des règles ; elle devint pâle, accusa des troubles de l'estomac, des palpitations, etc.

Dans l'espace d'un mois à peine, les mamelles commencèrent à croître considérablement, et à être le siége de sensations de fourmillement, de brûlure, et, plus tard, de douleurs aiguës.

En deux mois, leur volume était tel, que la jeune femme ne pouvait plus en supporter le poids, et avait dû abandonner le décubitus dorsal.

Une ponction exploratrice confirma dans la pensée qu'il s'agissait d'une simple hypertrophie concomitante et dépe.idante de quelque changement physiologique survenu dans l'uté us. Saignées, purgatifs, diète rigoureuse, digitale, iode, le tout sans avantage.

La maladie durait depuis trois mois, lorsque M. Esterle constata, dans les deux seins, les caractères suivants : ils ont à peu près le même volume ; la périphérie de chacun d'eux mesure environ 40 pouces (1m.08) ; la distance du mamelon au bord interne de la mamelle est de 15 pouces (40 centimètres) ; le poids de chaque sein peut s'élever approximativement de 26 à 30 livres. Le centre de la tumeur est occupé par le mamelon distendu et complètement aplati. Toute la superficie est parcourue par des veines nombreuses et énormément dilatées. La peau qui recouvre les seins est molle, non tendue, plus épaisse qu'à l'ordinaire, de couleur et de sensibilité normales. Dans le pli existent des érosions très-douloureuses. Toute la masse est le siége de douleurs lancinantes aiguës qui n'accordent ni trève ni repos. Je dois, de plus, signaler l'état d'esprit déplorable de cette malade, condamnée à l'immobilité par le poids extraordinaire des deux tumeurs.

Nutrition générale mauvaise, appétit rare, selles lentes, respiration haletante, mouvements du cœur vifs, pouls fréquent et petit.

A cette époque, on parvint à reconnaître la grossesse, et on lui attribua cet accroissement immense des mamelles. Les caractères anatomiques de la tumeur et l'absence totale de tout indice d'une autre altération pathologique des tissus ne laissent aucun doute sur la véritable nature de cette masse, que nous reconnaissons être une simple hypertrophie de tous les éléments constituants de la glande (acini, lobes, conduits galactophores, vaisseaux sanguins), puis du tissu cellulaire et adipeux qui enveloppe et réunit les différents lobes.

Après avoir constaté l'impossibilité d'intervenir chirurgicalement, et craignant de mettre en danger cette malade déjà très-affaiblie, ou d'accroître ses douleurs par un traitement incertain, nous nous arrêtâmes à la prescription suivante : badigeonnage à la teinture d'iode; application d'extrait de Saturne sur l'excoriation.

Cependant, le volume des seins continuait, bien que lentement, à s'accroître ; les douleurs augmentaient ; le manque de repos, les souffrances continues, la nutrition pervertie, épuisaient les forces de la pauvre femme. La morphine amena une grande diminution des douleurs, le repos de la nuit, le calme de la circulation et une amélioration générale qui lui permit d'attendre patiemment le terme naturel de sa grossesse.

L'accouchement fut régulier et heureux; il naquit une fille, plutôt petite, mais robuste, et bien nourrie. Les mamelles se rem-

plirent de lait; celui-ci sortait spontanément et en grande abondance, ce qui fut très-heureux, puisque le manque absolu de mamelon empêchait tout allaitement. En peu de temps, la sécrétion
du lait diminua, puis se tarit; les seins se flétrirent. Cinq semaines
après l'accouchement, la mamelle droite était réduite à un cin-
quième; la gauche, à moins de la moitié de l'ancien volume. Un
mois et demi après l'accouchement, cette femme pouvait se lever
et quitter le lit, ce qu'elle n'avait pas fait depuis près de neuf
mois.

Tout promettait une heureuse terminaison de cette énorme hypertrophie, quand, tout à coup, la jeune femme fut saisie, sans
cause connue, d'une entérite très-grave, avec congestion aux
méninges, laquelle, malgré un traitement rationnel et très-actif,
devint mortelle en douze jours.

On ne put savoir si l'hypertrophie se serait entièrement résolue,
ou si une autre grossesse l'aurait de nouveau reproduite (1).

Obs. X. — *Hypertrophie des mamelles causée par la grossesse.*

C... B..., née à Biauwez, Belgique, âgée de 28 ans, grande, de
forte constitution, blonde, d'un tempérament lymphatico-sanguin,
s'est occupée, dès sa jeunesse, à de rudes travaux; elle est mariée
à un ouvrier de grosse forge.

Son père est mort jeune, sa mère vit encore; elle est robuste;
ses sœurs et ses cousines germaines, fortes filles, ont les seins
très-développés, et l'une de ses sœurs, pendant sa grossesse, vit
ses mamelles augmenter outre mesure : elles revinrent presque à
leur état normal après l'accouchement. Réglée à 15 ans, elle offrait une exubérance de seins tellement peu commune, que, dans
son village et les environs, on disait, en patois, qu'elle en possé-
dait une charretée, qu'elle dissimulait avec soin en se comprimant
la poitrine; aucun travail inflammatoire n'y fut jamais observé.
Elle eut ses règles, pour la dernière fois, le 15 mars 1856, et l'on
présuma une grossesse; puis, aussitôt, elle fut affectée d'une fièvre
typhoïde; pendant cette maladie, ses seins prirent un développement extraordinaire qui n'a fait qu'augmenter depuis.

(1) Esterle, In Annali universali di Medicina. t. CLXII, p. 53. 1857,
et in Gaz. médic. de Paris, 1858, p. 678.

Actuellement, elle est toujours couchée; le volume et le poids
de ses seins la mettent dans l'impossibilité de se tenir, ou debout,
ou assise; tous les moyens possibles ont été imaginés, mais en
vain, pour alléger dans la station ces deux masses. La figure est
maigre, le teint pâle, l'appétit bon, la voix forte, le pouls toujours
précipité, et offrant 90 pulsations par minute. Ses énormes mamelles lui tombent sur les cuisses, et elle est obligée de se tenir
constamment sur l'un des côtés, ce qu'elle ne peut faire que
lorsqu'on a soulevé préalablement et avec peine, ces deux masses
hypertrophiées. A chaque instant, il faut changer la situation de
la patiente, ce qui est une torture continuelle.

Chaque mamelle a 70 centimètres de longueur et 90 de circonférence. La peau est épaisse, les pores sont espacés, presque
béants, en proportion de l'hypertrophie des organes : la couleur
de la peau est normale; il n'y a pas la moindre trace d'infiltration
œdémateuse. En palpant, on sent que l'on manie une masse spon-
gieuse, et le tremblotement de cette masse, quand on la remue,
fait comprendre qu'elle est imprégnée d'un liquide. Le sein
gauche n'a plus de mamelon ; une excroissance s'y était développée; elle est tombée avec lui ; le sein droit, à la place du
mamelon, présente une masse dure, noirâtre à la surface avec
odeur de gangrène et une suppuration superficielle et fétide.

Le Dr Rousseau, pour se rendre compte de la nature de la tumeur, se décida à y faire une ponction, dans le courant de septembre. J'enfonçai, dit-il, un trocart à une profondeur de 6 centimètres; il s'écoula, par la canule, lentement et goutte à goutte,
un liquide limpide qui, après être tombé dans le vase, se coagulait
en blanchissant un peu à sa surface, à la façon du collodion qui
s'épaissit ; à la partie inférieure, le liquide restait moins épais, et
comme albumineux. Craignant que la malade, déjà fortement im-
pressionnée, ne s'affaiblît, je fis une compression légère, et un
instant après, tout s'arrêta.

Depuis ce temps, la malade est toujours dans le même état;
elle est continuellement couchée, boit et mange bien, et attend
que le terme de sa grossesse amène un changement quelconque à
cette étrange situation (1).

(1) Rousseau. In Revue médico-chirurg., 4e année, t. IV, 1856, p. 596.

Nous en avons assez dit sur la grossesse comme cause de l'hypertrophie générale de la mamelle ; pour compléter ce sujet, nous devrions dire ce que devient la femme enceinte ainsi affectée, ce que devient le fœtus quand la mère a, en elle-même, une si grande cause de déperdition des forces. Mais nous y reviendrons en arrivant à la marche de la maladie, et nous étudierons ces questions avec tout le développement qu'elles comportent.

Osiander (1) est, croyons-nous, le seul auteur qui ait indiqué l'accouchement comme cause de l'hypertrophie mammaire ; nous venons de voir qu'elle se montre bien plus facilement pendant la grossesse, et qu'elle a de la tendance à décroître, après que le produit de la conception a été expulsé.

On admettait généralement que cette affection peut être d'origine strumeuse, et que, par conséquent, elle devait être justiciable de l'emploi de l'iode ; dans les cas que j'ai pu consulter, je n'en ai pu trouver que deux cas, celui de Delfis (observ. 25), et celui de Deville (observ. 26) où on eût noté simplement un tempérament lymphatique, et encore, dans le second, est-il dit qu'il y eut sur le sein, une violence extérieure ; le premier paraissait plus justifiable du traitement par l'iode qui a, du reste, amené une amélioration considérable.

Malgaigne a attribué l'origine de l'hypertrophie mammaire qu'il mentionne à la chlorose ; nous croyons qu'elle doit bien plutôt être mise sur le compte de la menstruation, qui ne s'était pas encore établie.

---

(1) F. B. Osiander. Denkwurdigkeiten für die Heilkunde und Geburtshülfe. Göttingen, II Bandes, Stuck 2, S. 236.

Quant aux affections des ovaires, il est vrai qu'on les a rencontrées deux fois à l'autopsie, chez des femmes atteintes d'hypertrophie mammaire ; mais dans ces deux cas, ce n'est pas à ces lésions qu'on avait attribué le développement de la maladie.

Les violences extérieures ont été notées également ; c'est ainsi que Deville a indiqué, chez la malade qu'il a traitée avec succès par la compression (observ. 26), qu'elle avait reçu quatre mois auparavant un coup de coude peu violent sur le sein. De même Fingerhuth a indiqué (observ. 24) que l'une de ses malades s'était violemment froissé le sein en s'appuyant sur une balustrade.

Enfin nous trouvons un certain nombre d'observations où le début de la maladie est noté sans cause connue. Tels sont les faits de Durston (observ. 15) de Fingerhuth (observ. 17), de Mac-Swiney (observ. 19). Il convient d'y joindre l'exemple suivant emprunté à Velpeau (1) :

Obs. XI. — *Hypertrophie du sein gauche.* L......, 43 ans, bonne constitution, entre à l'hôpital le 15 décembre 1852, pour une tumeur du sein gauche, très-volumineuse, pendante sur la poitrine, à laquelle elle est rattachée par un pédicule assez large : si on la soulève, on s'aperçoit qu'elle est assez lourde. La peau, sillonnée de veines en réseau, n'a pas changé de couleur: violette, quand elle reste quelque temps exposée à l'air, elle est mobile sur la glande, qui, elle-même, roule librement sur les parties profondes. La tumeur, formée par la mamelle tout entière, et non pas seulement aux dépens d'une de ses parties, présente des bosselures de consistance très-différente.

La malade, habituellement bien réglée, a vu grossir son sein, il y a un an, *sans qu'elle puisse dire pourquoi.* Elle a eu deux enfants

(1) Velpeau. Loc. cit., p. 239.

qu'elle a nourris. Elle n'a jamais souffert ; dans ces derniers temps, elle éprouve un sentiment de fatigue; il y a un mois que le volume de la tumeur n'a pas sensiblement augmenté.

21 décembre. Une bouteille d'eau de Sedlitz qui donne trois selles.

22. On procède à l'ablation de la tumeur au moyen de deux incisions courbes circonscrivant une ellipse à grand diamètre transversal, puis on dissèque toute la masse, que l'on enlève. L'opération ne donne pas autant de sang qu'on l'aurait pu croire; trois ligatures seulement furent nécessaires. A trois heures de l'après-midi, l'interne de service monte pour réunir la plaie à l'aide de serre-fines.

Coupe de la tumeur. La peau est amincie, sans adhérence, il y a disparition complète du tissu graisseux entre la tumeur et la peau ; la coupe des lobules fait hernie à la surface. La masse de la tumeur n'est pas formée par un tissu homogène, mais elle est divisée en plusieurs lobes parfaitement séparables, entre lesquels on trouve un tissu cellulaire très-lâche. Chacun de ses lobes est constitué par deux éléments; l'un, faisant saillie à la surface, élastique, gris, granuleux, formant des pelotons variés; l'autre, ayant des nuances franchement irisées, mais en reflet seulement, et dont la teinte fondamentale était le blanc. Le tissu dur, étant très-élastique, semblait rétracté entre les pelotons gris rosés. Les proportions de ces deux tissus ne sont pas les mêmes dans tous les endroits. A la partie superficielle du sein, les lobules, très-petits, ne semblent entourés que d'un liséré de tissu blanc, tandis qu'à la partie profonde, volumineux et rares, ils en sont entourés comme de véritables bandes. A la face profonde, on trouve une bourse muqueuse, distendue par de la sérosité.

Le microscope, comme l'œil nu, a démontré que tous les lobules appartenaient à l'hypertrophie, et qu'ils contenaient tous des culs-de-sac glanduleux.

La malade est sortie de l'hôpital le 23 janvier, un mois après son opération ; il ne restait plus que quelques points incomplètement cicatrisés, et qu'on pansait avec l'onguent de la mère. On l'a revue tout à fait guérie, au bout de quinze jours.

Ces cas d'hypertrophie mammaire, sans cause con—

nue, doivent évidemment être rapportés à une prédisposition individuelle, qui se manifeste chez tel sujet, et
non plus sur tel autre. Il est certain qu'il y a encore, à ce
point de vue, une inconnue dans l'histoire des causes
de la maladie.

Quant à la prédisposition héréditaire, nous n'en parle-
rons pas ; nous ne l'avons trouvée notée qu'une seule
fois, par M. Rousseau. (Observ. 10.)

SYMPTÔMES.

L'hypertrophie générale des glandes mammaires débute le plus ordinairement d'une manière insidieuse ; il est rare qu'elle se montre brusquement : et pourtant, nous verrons, en nous occupant de la marche de cette affection, qu'elle a pu apparaître tout d'un coup en une nuit. (Voyez Obs. 15.)

Dans la presque totalité des cas, c'est peu à peu que les seins grossissent ; la maladie ne fait naître aucune inquiétude, elle ne s'accompagne, à cette période, d'aucune douleur, d'aucun trouble des grandes fonctions de l'économie, la femme ne s'en aperçoit même pas, elle se borne à dire, et on dit autour d'elle qu'elle *prend de la gorge*, suivant l'expression du professeur Velpeau.

Cependant, au bout d'un certain temps, variable du reste, parfois très-court, d'autres fois un peu plus long, bien qu'il excède rarement la durée de quelques mois, les mamelles prennent de l'accroissement au point qu'on ne puisse plus le nier, et que la malade ne saurait le dissimuler davantage.

Ici nous devons dire que nous admettrons deux périodes dans la description de la maladie, la première qui correspond aux symptômes indiqués par Velpeau pour l'hypertrophie de tous les tissus de la glande ; la seconde, qui, pour Velpeau, correspond à l'hypertrophie glandulaire pure, n'est selon nous que la suite de la précédente, quand la tumeur, privée de sa graisse, flasque et flétrie, continue de s'accroître, et tend, par ses proportions, à compromettre la santé de l'individu.

Nous noterons en outre, dans chaque période, des symptômes locaux et des symptômes généraux.

1re *Période.* — Les deux seins sont saillants, et globuleux, fermes, élastiques et fortement bombés. La peau qui les recouvre est blanche, ou légèrement rosée; elle reste dans cet état, tant que l'affection ne passe pas à la seconde période. Dans ce cas, il peut arriver qu'elle n'éprouve aucune modification, ou bien qu'elle se flétrisse, après avoir présenté des signes de congestion et de vascularisation exagérée, ainsi que nous l'avons noté dans l'observation 31.

Alors toute la tumeur est comme plaquée contre le thorax; le sein n'a aucune tendance à s'abaisser, il est saillant en avant. « On croirait, de prime abord, » dit Velpeau (1), « avoir sous les yeux un de ces magnifiques hémisphères si souvent rêvés, si souvent figurés par les artistes ou par les poëtes de l'antiquité. »

Pour mieux faire comprendre encore ce que nous voulons exprimer, nous ne saurions mieux faire que de rapporter l'observation suivante, que nous trouvons dans le même auteur :

Obs. XII. — J'ai vu un bel exemple d'hypertrophie chez une jeune personne des environs de Beauvais, il y a quelques années (1850). Grande, bien constituée, jouissant d'une excellente santé du reste, cette jeune fille, âgée de 22 ans, s'est présentée à moi avec des mamelles qui avaient plus que doublé de volume, d'un côté surtout, dans l'espace de onze mois; elles étaient fermes, presque

(1) Velpeau. Traité des maladies du sein, etc., 1854, p. 232.

immobiles sur le thorax, et d'ailleurs parfaitement conformées. Le mamelon, le disque aréolaire ne se distinguaient point de l'état naturel (1).

On comprend que le volume des seins, à cette période, ne puisse pas être indéfiniment augmenté ; entre cet état et celui de la période suivante, où les seins pendent flasques et mous, au devant du thorax et de l'abdomen, on trouve bien des intermédiaires qui peuvent servir de transition entre ce que nous avons indiqué comme la première et la seconde périodes de la maladie.

Lors qu'on vient à palper avec les mains un sein ainsi hypertrophié, on éprouve une sensation de fermeté et de dureté inusitées que l'on ne trouve pas à l'état normal ; au lieu d'une glande molle et facile à déplacer, on rencontre une sorte de tumeur que l'on déplace en masse et qui fait éprouver la sensation d'un corps comprimé et enveloppé d'un tégument élastique. La peau, garnie d'une épaisse couche sous-cutanée, peut être un obstacle pour arriver à reconnaître que les globules glandulaires ont augmenté de volume et sont plus espacés qu'à l'état normal ; néanmoins, une exploration attentive permettra de trouver, çà et là, des nodosités inégales, toutes de la même consistance, et qui ne sont autres que des réunions de masses glandulaires hypertrophiées, séparées les unes des autres par des tractus cellulo-fibreux, ayant euxmêmes augmenté en quantité.

Les phénomènes fonctionnels, si prononcés à la seconde période, sont ici encore peu développés, et n'éveillent alors qu'une légère inquiétude ; c'est ainsi

(1) Velpeau. Loc. cit , p. 233.

qu'on peut indiquer une certaine gêne de la respiration
et de la marche, due au poids des seins ; mais il est encore facile d'y obvier soit au moyen d'un corset particulier, soit avec un bandage bien fait.

On note parfois une modification particulière de la
voix, qui prend une raucité toute spéciale ; certaines malades se plaignent d'enrouement, et Fingerhuth (1) rapporte que, dans un cas, la raucité de la
voix revenait aux époques menstruelles, bien que les
règles eussent cessé de paraître.

Les troubles du côté de la menstruation sont de diverses sortes ; ainsi que nous l'avons déjà vu en traitant
des causes, il y a, le plus souvent, une suppression plus
ou moins longue des époques mentruelles, parfois
même elle peut persister d'une manière absolue. Cette
suppression peut être due à une grossesse ; mais dans
ce cas, la première période de la maladie est fort courte
et peut passer inaperçue, et l'on arrive très-rapidement
à la seconde période, que nous allons décrire tout à
l'heure. Chez d'autres femmes, les règles, au lieu de se
supprimer, apparaissent plus abondamment (voy.
obs. 13) et donnent lieu à des pertes périodiques, ou
bien les époques se rapprochent l'une de l'autre. On
peut encore rencontrer de la dysménorrhée chez certaines femmes.

Dans la grande majorité des cas, il y a une absence
complète de douleur ; les malades se plaignent bien de
malaises, de picotements, de pincement dans la glande,
de gêne dans le bras, et de fatigue ; mais ce sont là des
phénomènes dus au poids. Il peut toutefois arriver que

(1) Fingerhuth. Loc. cit., p. 447.

les seins soient le siége de vives douleurs, ainsi que nous allons le voir dans l'observation que voici, et dans une autre que nous donnerons un peu plus loin. (Voy. obs. 14.)

Obs. XIII. — Fille de 16 ans, présentée par Malgaigne à la Société de chirurgie dans sa séance du 4 décembre 1844. Elle est le treizième enfant d'une famille décimée dans les premières années de la vie, et dont il ne reste que trois survivants ; un homme de 35 ans, une fille de 24 ans, bien portante, mais *abondamment réglée*, et la malade soumise à l'examen de la Société.

Celle-ci a 1 mètre 30 : elle a assez d'embonpoint, et a toujours joui d'une bonne santé ; mais elle n'est pas encore réglée.

En janvier 1844, ses seins se développèrent au point de la fatiguer par leur poids. Les symptômes de la *chlorose* se montrèrent, qnatre mois plus tard ; ses seins prirent en même temps un développement subit. En même temps, ils devinrent le siége de *douleurs vives, lancinantes* que la malade compare à des piqûres d'épingles. Ces douleurs cessèrent pour reparaître un mois plus tard, accompagnées d'un nouveau développement des seins.. Quinze jours après, nouvelle attaque. Depuis ce temps, les douleurs reparurent à intervalles inégaux. Un traitement par la teinture d'iode, à la dose de 10 gouttes par jour, fut continué pendant six semaines environ : néanmoins, il ne se produisit aucun changement bien sensible. Les douleurs devinrent plus fréquentes, plus vives, habituellement nocturnes, et le 15 novembre 1844, les seins présentaient l'état suivant, sans que l'état général ait été altéré, et sans qu'aucune trace des règles se soit montrée. Les deux seins sont pendants en forme de besace ; les mamelons sont presque complétement effacés ; l'aréole est large, rosée. Les veines se dessinent sous la peau, et sont volumineuses comme chez une femme enceinte. Le sein droit a maintenant 43 centimètres de tour à sa base, 24 centimètres de tour de haut en bas et 32 centimètres de droite à gauche. Le sein gauche a 44 centimètres à sa base, 33 centimètres de haut en bas et 40 de droite à gauche.

Le développement paraît dû surtout au développement de la glande elle-même, dont on sent les lobules à travers la peau. Ces lobules, qui s'étaient d'abord développés isolément et inégalement, de manière à former une quantité de petites tumeurs sensibles au toucher, mais non encore à la vue, se sont maintenant confondus en une seule masse uniformément dure (1).

Quant aux symptômes généraux, ils n'existent pas encore, à proprement parler. Ils n'apparaissent que plus tard, quand l'accroissement de volume vient à s'accentuer. Mais, en passant de la première à la seconde période, et avant d'en arriver complètement jusqu'à cette dernière, l'état général, qui avait été bon jusqu'alors, se voit de plus en plus menacé; soit spontanément et par les progrès de l'affection, soit sous l'influence d'un traitement quelconque, il y a de l'amaigrissement, l'appétit diminue; les digestions sont laborieuses, la malade commence à s'inquiéter, elle croit voir ses seins s'augmenter toujours; elle dort mal; ses mamelles diminuent de consistance pour s'accroître en longueur, et l'on arrive ainsi à un second état de la maladie, qui est celui qu'on observe le plus fréquemment et presque le seul décrit dans les auteurs qui se sont occupés de cette question.

2ᵉ *Période*. — Les mamelles ne sont plus fermes et résistantes; elles sont pour ainsi dire flétries et fanées; elles pendent, elles tendent à se pédiculiser, ce qui était, pour Velpeau, le meilleur signe de l'hypertrophie glandulaire.

C'est alors que les seins (*mamelles pendantes*, *grosses mamelles*, *mamelles éléphantiasiques*) acuiertq un si énorme volume, que leur masse réunie peut équivaloir au poids

(1) Malgaigne, in Gaz. des hôp., 1844, n° 150, p. 599.

du reste du corps ou même le surpasser. Ce sont alors deux énormes tumeurs pendantes, en forme de besace, reliées au thorax par un pédicule rétréci, et descendant jusque sur les cuisses et même jusqu'auxgenoux, quand la malade est debout. Quand on regarde la malade par derrière, ces deux énormes seins se voient sur les deux côtés du corps qu'ils débordent, et parfois, ils sont creusés, à leur partie externe, d'une rainure dans laquelle vient se loger le bras. Enfin, on rencontre de ces seins assez allongés pour se rejoindre en arrière du corps, ou pour pendre le long du dos quand ils ont été rejetés sur l'épaule correspondante ou sur celle du côté opposé.

Les exemples les plus volumineux de mamelles hypertrophiées que l'on connaisse, sont les suivants :

Renoud (1) cite, au nom d'un praticien d'Égypte, M. Étienne, l'histoire d'une mamelle hypertrophiée qui descendait jusqu'au pubis et avait 48 centimètres d'épaisseur.

Le Dr Mac-Swiney (2) a enlevé successivement deux seins, dont l'un pesait 7 livres et l'autre 11 livres anglaises (voy. Obs. 19).

En 1859, à Paris, à l'hôpital de la Charité, M. Manec (3) a fait de même l'ablation de deux mamelles pesant 15 et 16 livres (voy. Obs. 33).

Huston (4) parle de deux seins, non enlevés, du reste, et qui pesaient, après la mort de la malade, 12 et 20 livres (voy. Obs. 18).

(1) Arch. génér. de médec., 1839, t. IV, p. 377.
(2) The Dublin quarterly Journal of medical Science, t. XLVIII, 1869, p. 500, et t. XLIX, 1870, p. 349.
(3) Gaz. des hôp., 1859, n° 12, p. 45.
(4) The American Journal of medical sciences, t. XIV, p. 374, 1834.

Dans l'observation de Skuhersky (1), nous voyons que la femme enceinte, qu'il a soignée, portait des mamelles du poids de 18 et 19 livres viennoises (voy. Obs. 14).

Boulli (2) rapporte, d'après Hunter Lane, le cas d'une femme dont chaque sein pesait 30 livres, et qui le suppliait de les lui enlever. Il n'y voulait pas consentir; mais croyant trouver la cause de cette affection dans une aménorrhée très-persistante, il la traita par les emménagogues, les scarifications à la partie interne des cuisses, et autres moyens semblables, et parvint à réduire les mamelles à peu près jusqu'à leur volume normal.

MM. Chassaignac et Richelot indiquent une autre femme, dont la mamelle, qui descendait jusqu'au genou, pesait 30 livres.

Durston (3) rapporte, tout au long, l'autopsie d'une jeune fille, dont la mamelle droite avait été estimée à 40 livres, et dont la gauche, sur la balance, pesait 64 livres.

Enfin nous mentionnerons, pour la curiosité du fait, plutôt que comme observation scientifique, les deux cas que voici : celui de M. Pétrequin (4), qui dit avoir vu à Pavie, chez un homme, une mamelle longue de 48 centimètres, et pendante, mamelle dont parle aussi Vidal (de Cassis) (5), et qui fut extirpée avec succès ; en

(1) Weitenweber's Neue Beiträge zur Medicin und Chirurgie, Janv. et févr. 1841, p. 42-64.
(2) Hunter Lane, In Schmidt's Jahrbücher, etc., 1835, p. 171.
(3) Mangeti Bibliotheca medico practica, t. III, livre 11, p. 252.
(4). Pétrequin. Anat. méd.-chir., p. 231.
(5) Vidal (de Cassis). Traité de pathologie externe, t. IV, p. 810.

second lieu, celui que mentionne Mandelsloh, dans une lettre à Oléarius, et où il est question d'une enfant de 2 ans, qui avait des seins si volumineux, que bien des femmes n'en ont pas autant, et qui, du reste, fut réglée dès sa troisième année (1).

Dans l'épaisseur de la peau, qui recouvre ces tumeurs d'une prodigieuse grosseur, on voit circuler des veines d'un calibre assez considérable, ce qui donne à la mamelle une teinte bleuâtre, sans qu'il y ait cependant un changement bien remarquable de couleur.

Le mamelon est complètement effacé : l'aréole est élargie ; une fois on a noté la rétraction de l'aréole avec saillie d'un petit mamelon au fond de cette cavité (voy. obs. 14); une autre fois, il est indiqué que l'aréole proéminait au-dessus des deux seins, et formait une grosse saillie du volume d'un œuf de poule (voy. obs. 25).

La palpation exercée sur la glande mammaire permet de sentir facilement rouler sous les doigts les grains glanduleux, et l'on délimite également les divers lobes mammaires. En général, c'est à la partie inférieure qu'il faut aller chercher la mamelle ; le poids du sein a entraîné la peau, et celle-ci, ne soutenant plus assez efficacement le sein hypertrophié, il en résulte que celui-ci a glissé, pour ainsi dire, insensiblement jusqu'au point le plus déclive.

Il résulte de ces considérations que, si l'on embrasse avec les deux mains le pédicule, il est rare qu'on y rencontre du tissu glandulaire. Au contraire, les doigts

(1) Weitenweber. Uber die Hyperthrophie der Brüste, in Vierteljahr-schrift fur die praktische Heilkunde, Prag. 1847, t. XIII, origin-aufs, p. 80.

allant au-devant les uns des autres, se rencontreront presque sans intermédiaire, c'est-à-dire séparés uniquement par deux épaisseurs de peau, entre lesquelles circulent les vaisseaux. Il est encore possible, par cette exploration, de s'assurer assez exactement du volume des vaisseaux qui se rendent aux tissus hypertrophiés ; on peut, en effet, sentir battre les artères, et faire son profit de ce renseignement, au point de vue opératoire, si l'on se décide à intervenir.

C'est assez rapidement quelquefois que les seins prennent cet accroissement considérable, signalé plus haut. Dans d'autres circonstances, au contraire, ils mettent des années à s'accroître.

Dans les cas les plus heureux, après avoir pris un accroissement moyen, ils restent stationnaires ; jamais ils n'ont de tendance à diminuer.

Une des circonstances qui influent certainement le plus sur le développement des seins est l'état de grossesse. Jördens (1) insiste sur ce fait que l'hypertrophie recommence à chaque grossesse, et qu'elle diminue dans les intervalles ; déjà nous avions vu ce phénomène au chapitre des causes ; nous en trouverons tout à l'heure un plus bel exemple encore, dans une observation résumée de Skuhersky.

Les douleurs dans les seins, assez rares dans la première période, sont plus fréquentes dans la seconde : ici, les douleurs qu'éprouvent les malades sont de deux sortes ; ou bien elles sont lancinantes, brusques, à faire crier, un peu analogues aux douleurs dites fulgurantes,

____

(1) F. F. Jördens, in Hufeland's Journal der prakt. Heilkunde. Berlin, 1801, t. II, p. 28.

avec sentiment de pincement et de brûlure à travers les
mamelles; ou bien elles sont déterminées par les poids
des tissus qui tiraillent les plexus brachiaux et entraînent
des douleurs plus ou moins vives le long des bras, une
sensation de grande fatigue et un grand découragement
chez les malades qui en sont affectées.

En outre, un signe qui manque rarement et qui a son
importance, est une fausse fluctuation. Quand on saisit
à pleines mains un sein affecté d'hypertrophie générale
et arrivé à la seconde période, et qu'avec un doigt on
lui imprime un brusque mouvement, on le voit trem-
bloter comme ferait une masse de gelée (voy. obs. 28).
Il faut même que ce phénomène soit bien prononcé dans
certains cas, puisque plusieurs praticiens n'ont pas hé-
sité à plonger profondément un bistouri, pour aller à
la recherche d'un liquide (voy. obs. 10); nous avons
trouvé cette fausse fluctuation bien nette dans la malade, que nous avons soignée chez le professeur Hardy,
et qui a été opérée, le 9 mars dernier, par le professeur
Richet (voy. obs. 31).

D'après Fingerhuth, la transpiration et le sang tiré
de la veine auraient une odeur particulière ; ce dernier
contiendrait beaucoup d'acide carbonique libre.

La sensibilité de la mamelle est affectée d'ordinaire ;
plusieurs médecins ont constaté qu'une ponction au
bistouri, même assez profonde, n'avait pas été ressentie
ou à peine. Chez notre malade, il y avait encore de la
sensibilité à la chaleur et au froid ; mais la piqûre et le
pincement de la peau ne réveillaient point de douleur.

Notons enfin que, dans certains cas, on a observé dans
les parties les plus déclives du sein, un œdème parfois
assez intense, qui peut se collecter, et donner parfois

lieu à des kystes d'un volume assez considérable : Kober (1) a rapporté un cas de ce genre dans son mémoire.

Les troubles fonctionnels sont très-prononcés à cette période. Du côté des fonctions menstruelles, mêmes déviations que pendant la première période ; aménorrhée, dysménorrhée, hémorrhagies utérines ; mais le premier de ces accidents est le plus fréquent, surtout si l'on songe qu'une des causes les plus habituelles de l'hypertrophie est la grossesse.

Les désordres de la voix et de la respiration ne font qu'augmenter ; la gêne qu'éprouvait le sujet à prendre son haleine s'accroît tous les jours, la femme est étouffée sous le poids de ses mamelles, lorsqu'elle est étendue sur le dos, et, lorsqu'elle est couchée sur le côté, elle ne saurait songer à faire le moindre mouvement sans l'aide d'une ou de plusieurs personnes.

Lorsqu'elle est debout, la gêne de la respiration n'est pas beaucoup moindre, vu le poids des tumeurs qu'elle a à supporter.

La marche est très-difficile, parfois même impossible sans l'emploi d'un appareil contentif quelconque. La femme, toujours penchée en avant, finit par imprimer à sa colonne vertébrale une courbure anormale, et c'est ainsi qu'on a vu une malade, affectée d'hypertrophie générale des seins, devenir cyphotique (voy. observ. 16).

Il est facile de comprendre qu'à cette période avancée de la maladie, la vie n'est plus qu'une torture incessante. Mais si l'on joint à tous les signes que je viens

______

(1) Carolus Kober. Dissert. inaug. medica sistens observationem incrementi mammarum rariorem, Lipsiæ, 1829.

d'indiquer le cortége des symptômes généraux, tels que amaigrissement rapide, perte des forces, perte de l'appétit, diarrhée, fièvre hectique, somnolence, puis coma, frissons, etc., on aura le tableau complet d'une malade qui succombe peu à peu au progrès de la maladie, et sans qu'il soit intervenu une complication quelconque, telle que gangrène ou infection purulente.

Noüs ne croyons, du reste, pas pouvoir mieux résumer le triste cortége des symptômes de l'hypertrophie générale des glandes mammaires, qu'en donnant l'observation que voici, et qui est due à Skuhersky :

Obs. XIV. — (Résumée). Femme de 26 ans, née de parents forts, bien portante et menstruée à quinze ans. Sans cause connue, dit-elle, a vu ses seins grossir à partir du mois de juin 1833, à la suite d'une suppression de règles attribuée, par elle, à une sortie de grand matin dans l'herbe mouillée. Va consulter Skuhersky en novembre; chaleur, douleur piquante dans les deux seins; sensation de *brûlure obtuse*, gêne de la respiration; pas de douleur à la pression. Mamelles tendrement élastiques; augmentation de volume des lobules mammaires. *Mamelons rentrés en dedans; dans l'enfoncement qu'ils forment est une petite saillie brune vers le milieu du creux.* Pouls fréquent.— Saignée de 300 grammes; laxatifs. Sinapismes sur les extrémités inférieures. Légère amélioration.

Mais l'hypertrophie reprend bientôt son cours; la malade ne peut se tenir debout; assise, elle soutient ses seins avec une alèze. *Douleurs* dans la seconde moitié de 1833, et en janvier 1834. Anxiété thoracique indescriptible. Sentiment de brûlure dans les seins; elle suppliait qu'on les lui coupât. Mamelles grosses, rouges, dures; veines superficielles congestionnées. Le sillon situé entre les deux seins exhale une odeur fétide. Sensation de fluctuation dans le parenchyme. N'était la congestion veineuse, Skuhersky aurait fait des incisions ou des scarifications, pour satisfaire au désir de la malade.

A un examen plus attentif, fait en dépit de la malade, le médecin reconnut une grossesse, obstinément niée, d'après un mouvement actif du fœtus; elle pouvait remonter au commencement d'août ou à la fin de juillet 1833.

Dans le milieu de février, grand frisson avec douleurs dans les seins et le bas-ventre. Réchauffée avec des alèzes, cessation des symptômes.

La grande circonférence mesurait :

> Sein gauche, 34 pouces (de Vienne.)
> Sein droit, 32 pouces et demi.
> Poids, 17 à 18 livres.

La santé générale s'altéra par suite de soucis et de chagrins.

Au 21 avril, accouchement, après un travail de quatre jours, d'un garçon maigre, pâle et faible. Pendant trois ou quatre jours, les mamelles semblèrent encore augmenter, sans lactation, puis elles diminuèrent rapidement. Tous les symptômes disparurent, et il ne resta qu'un peu de pesanteur des seins. L'appétit revint, et les forces se relevèrent.

Néanmoins, le docteur Skuhersky envoya sa malade à la clinique à Prague où elle entra, le 28 juin 1834. Elle était alors parfaitement bien; les mamelles étaient encore grosses, et pendaient le long du thorax. Le pédicule avait, comme circonférence, au point d'attache, 27 pouces. Aspect pyriforme. Poids approximatif à la main, 10 à 12 livres. Pas de transpiration particulière. *Sérosité d'odeur ammoniacale* (Hecker). Par une exploration un peu forte, on percevait superficiellement l'existence de masses dont quelques-unes atteignaient la grosseur d'une pomme ou d'un poing; elles étaient élastiques et indolores. Pas de sécrétion mammaire. Fourmillements.

Disgnostic : hypertrophie simple de la mamelle. Obéissant à l'idée de la spécialisation d'action de l'iode sur les glandes et les affections scrofuleuses, on administre 10 gouttes par jour d'une solution de 2 gr. 50 d'iode pur dans 30 grammes d'alcool; frictions sur les seins avec la pommade à l'iodure de potassium.

Au 30 juin, léger frisson.

3 juillet, érythème des mamelles; la dose est portée à 15 gouttes par jour. Pas de changement, mais *douleur déchirante dans les seins*, qui revient au bout d'une heure. Transpiration. Quelques jours

après, l'érythème disparut. Purgatifs. On augmente tous les jours de 5 gouttes.

10 juillet, nuit, refroidissement, réveil en sursaut, sentiment de *pincement* dans les seins.

15 juillet. Admission à l'hôpital général. Circonférence des seins à la base, 18 pouces, au niveau du pédicule. La plus grande circonférence, à une distance d'environ 4 pouces de la base, est de 25 pouces. Diamètre vertical, suivant la ligne mamelonnaire, 24 pouces; diamètre horizontal, 23 pouces. Même traitement qu'auparavant; augmentation graduelle du volume des seins.

Le 21 juillet, la dose est de 15 gouttes. Après l'administration, outre la douleur des seins, elle éprouva des irradiations dans le creux axillaire. Point d'accidents de cette médication augmentée ; mais une diminution graduelle dans le volume des seins, appréciable à la laxité des téguments. Vers la fin d'août, elle sort de l'hôpital de Prague, munie d'un appareil suspenseur pour soutenir les seins, et les empêcher de gêner les mouvements des membres supérieurs.

Elle retourne alors à la campagne, et Skuhersky continue pendant cinq semaines la pommade et la teinture d'iode, mais à doses moins élevées. L'amélioration continue.

A partir de cette époque, abandon de toute espèce de médication, et en automne la malade put reprendre ses occupations de servante.

En mai 1835, catarrhe pulmonaire. A cette époque, mamelles très-flasques ; elle avait pu travailler sans son bandage. Quelques jours de repos, puis santé parfaite. Menstruation régulière chaque fois pendant six jours.

Après plus de deux ans, le 25 août 1837, elle retourne chez Skuhersky. Depuis quatre mois elle n'était plus réglée, et ses seins avaient de nouveau augmenté de volume. Dyspnée. Point de douleur dans les seins, comme précédemment. Le médecin reconnaît une grossesse.

Avec la marche de celle-ci, les seins augmentèrent de volume sans devenir douloureux. Durant les trois derniers mois, écoulement de mucus sanguinolent par les parties génitales. Finalement, tout travail est impossible. Ne pouvant plus supporter ses seins, elle se voit obligée à rester couchée. Dans cette position, ses seins atteignent le pubis. On aurait pu croire à l'existence de trois sphères, dont l'abdomen distendu, situé entre les deux autres, n'était pas la moins volumineuse. Tel était son état au commencement de février 1838.

Le 5 février, vers midi, sans cause apparente, frisson violent puis chaleur. Vers quatre heures, premières douleurs, et à dix heures du soir, accouchement d'une fille bien conformée, morte mais qui vivait encore avant l'invasion du frisson.

La nuit suivante, diarrhée séreuse, qui persiste le lendemain 6; langue sèche; respiration courte et accélérée; facies pâle, grippé; soif; pas d'appétit. Toute espèce de mouvement est impossible. Les seins sont rouges, peu chauds : point de douleurs. *A la place des mamelons il y a deux fossettes.* Poids à la main, 20 livres viennoises pour chaque sein. Respiration profonde impossible. Abdomen flasque, indolore, sauf dans la région de l'utérus. Lochies rares. Température modérée. Transpiration faible. Pouls accéléré, petit, dépressible. — Légers sudorifiques, astringents.

8 février. On ne peut faire de mensurations, car on provoque de violentes douleurs en soulevant les seins. La peau est très-tendue. Dyspnée toujours vive, toux sèche.

9 février. A la surface de la partie inférieure des seins, on note l'apparition de grosses vésicules, pleines de sérosité. Toux plus pénible; respiration de plus en plus gênée et accélérée; fièvre et soif violente. Pouls dur et fréquent. Plus de diarrhée. Lochies rares, voix éteinte. Visage pâle, joues creuses. Pas de lactation, pas de traces des mamelons.

10 février, nuit. Insomnie; respiration de plus en plus gênée; toux fréquente, sèche; expectoration sanguinolente. Parole voilée comme dans le choléra épidémique; soif. Pouls irrégulier : 120 à 130 pulsations par minute. OEdème des seins, avec excoriation au point de contact des deux masses. *Sensation de brûlure dans les seins.* Points de côté. — Saignée de 250 grammes au bras.

Le lendemain, l'œdème et les vésicules ont encore augmenté. Exulcération au point de contact. Odeur infecte.

Du 13 au 16 février. Diminution du volume des seins. Rupture des vésicules; les exulcérations s'étendent et deviennent douloureuses, là où les seins recouvrent l'abdomen. Respiration courte, gênée. Extinction de voix à peu près complète. Pouls dépressible, à 95. Soif modérée ; pas d'appétit.

A partir du 16 février, aggravation de tous les symptômes. Refroidissement des extrémités. La sensation de brûlure des seins diminue. Grande soif.

Le 19 février. Mort avec tous les signes de la gangrène.

Autopsie 24 heures après la mort. Taches marbrées nombreuses sur le cadavre, surtout sur l'abdomen. Seins, au toucher, fermes, élastiques, sphacélés à la partie inférieure et interne. Une ligne, tirée de haut en bas en passant par le mamelon, mesurait 29 pouces ; d'avant en arrière, 32 pouces. La plus grande circonférence avait 42 pouces. Après leur ablation, le sein droit pesait 18 livres et le sein gauche 19 livres. En pratiquant des incisions dans tout leur pourtour, et jusqu'à un ou deux pouces de profondeur, on trouvait de petites cavités, ou de petits kystes, avec une infiltration œdémateuse. Plus profondément, entre les lobes de la glande, il y avait une substance lardacée, abondante, criant sous le scalpel. Les canaux galactophores étaient dilatés, ou bien ils plongeaient dans ce tissu lardacé.

Les autres organes ont été examinés : il y avait une tuberculisation pulmonaire (1).

(1) Skuhersky, in Weitenweber's neue Beiträge zur Chirurgie, janvier et février, 1841, p. 42-64.

MARCHE, DURÉE, TERMINAISONS.

La *marche* de la maladie est toujours progressive; elle peut être lente ou rapide, selon les cas; mais elle est constamment envahissante. Il est rare qu'elle s'arrête et reste stationnaire, bien que le fait puisse se présenter. Jamais elle ne diminue; on a cependant voulu en indiquer quelques cas, sous l'influence de tel ou tel traitement; mais nous croyons qu'on a souvent pris pour une diminution de volume l'amaigrissement et la flaccidité des tissus qu'amènent le traitement par l'iode, ou le passage de la première à la seconde période. Peut-être pourrait-on faire exception à cette règle générale pour un très-petit nombre de faits bien observés et bien suivis, et où la compression a paru amener une diminution de volume réelle; nous ferons observer toutefois que c'était sur des seins hypertrophiés encore à la première période, époque où l'on peut encore tenter de faire réduire le volume des mamelles. Dans le cas que nous rapportons plus loin, (voy. observ. 31), la compression a été tentée; mais elle n'a donné aucun résultat.

Le mode de début, avons-nous dit plus haut, est le plus ordinairement lent et insensible. Par exception, il peut devenir brusque et se faire en quelques heures, pendant le cours d'une nuit, comme dans le fait que voici :

Obs. XV. — *Développement subit et considérable des mamelles; marche rapide ; mort au bout de trois mois et demi ; autopsie.* — E. T..., âgée de 23 à 24 ans, visage agréable, cheveux noirs, bonne constitution, petite taille, appartenant à une famille respectable des environs de Plymouth.

Le vendredi 3 juillet 1669, sa santé était excellente ; elle se coucha en bonne santé, et son sommeil fut aussi tranquille que de coutume. Le matin, à son réveil, elle se trouva dans l'impossibilité de se retourner dans son lit. Elle s'aperçut alors que ses mamelles avaient pris un développement tel qu'elle en fut épouvantée. Elle chercha alors à se mettre sur son séant, [mais le poids de ses tumeurs la fit retomber sur sa couche. Depuis lors, elle a toujours dû garder le lit, sans éprouver du reste aucune souffrance, ni dans les seins, ni dans aucun autre organe.

Lorsque ce cas fut connu, un grand nombre de médecins et de chirurgiens vinrent voir la malade ; quelques-uns même proposèrent l'amputation des mamelles, opération à laquelle je m'opposai de toutes mes forces. — Applications émollientes tièdes et purgatifs. — Le gonflement ne diminua point, et, pendant quelques jours, la jeune fille resta si affaiblie, que je ne renouvelai point cette médication. Mais, comme *ses règles étaient [supprimées depuis six mois*, je prescrivis des diurétiques et des emménagogues, et même je pratiquai la phlébotomie.

Les conduits mammaires distendus sont très-durs, et les mamelles, saines du reste, paraissent uniquement composées de leurs éléments propres. Nous ne pouvons y reconnaître la présence ni de gaz, ni de liquide.

On évalue la mamelle gauche à un peu plus de 4 livres ; la droite est un peu moins volumineuse.

Les téguments du cou, du dos et du ventre sont attirés vers les mamelles pour suffire à cette énorme distension.

Voici quelles sont les dimensions des seins :

Sein droit, circonférence,	77 centimètres.	
Sein gauche, —	93	—
Sein droit, à partir de la clavicule,	43	—
Sein gauche, —	48	—
Sein droit, diamètre,	32	—
Sein gauche, —	33	—

(Ces deux dernières mesures ont été prises dans le décubitus dorsal).

Maintenant, à quoi attribuer ce développement subit si considérable, en une seule nuit, d'organes paraissant sains ? Je ne saurais le dire. Je ne trouve aucun fait analogue ni dans Plater, ni dans Roderic à Castro, Fontane, ou aucun des auteurs modernes qui ont étudié les maladies des femmes. Ne pourrait-on pas l'expliquer par quelque lésion des vaisseaux sanguins ou lymphatiques, ou bien des vaisseaux absorbants du thorax qui marchent vers la mamelle, au milieu des muscles intercostaux et se rendent aux vaisseaux sous-claviers.

Autopsie. — Mort le jeudi 21 octobre. Le jour suivant, je priai un chirurgien et quelques autres confrères de vouloir bien assister à l'ouverture du corps et à l'ablation des mamelles de cette femme. Nous n'en avons amputé qu'une, la gauche, qui était la plus volumineuse, et nous avons trouvé qu'elle pesait 64 livres anglaises (30 kilog. 200 gr.).

Nous avons pratiqué des incisions multiples, et nous n'avons vu couler ni eau, ni suc cancéreux (cancrosos humores). A part l'énorme développement, il n'y avait rien d'anormal. Quant aux conduits et au parenchyme, leur coloration et leur consistance ne différaient en rien de ce que nous avons pu observer sur les mamelles des femmes les plus saines ou sur celles des animaux.

La malade avait perdu l'appétit et le repos plusieurs semaines avant sa mort. Elle se plaignait beaucoup de l'énorme distension de ses mamelles, et *son corps était fort émacié.* Voici un résumé des dimensions mammaires recueillies sur la table d'autopsie :

Diamètre le plus prononcé en largeur (probablement des deux seins) 96 centimètres.

Circonférence en longueur, 1 mètre 30.

Circonférence en largeur, 91 centimètres.

Nous n'avons pas enlevé la mamelle droite, mais nous avons estimé son poids à 40 livres anglaises (un peu plus de 18 kilog.).

Quelques semaines avant la mort, j'avais provoqué la salivation chez cette malade; ce traitement amena une diminution de quelques pouces dans la circonférence des mamelles. Mais comme la malade avait une répugnance insurmontable pour ce moyen, je dus le suspendre. J'y revins cependant plus tard; mais sans pouvoir le faire accepter. Je fis alors une application de caustique; l'eschare tomba; mais il ne sortit rien de la mamelle. Pensant que le caustique n'avait pas pénétré assez profondément, je pratiquai, avec le bistouri, une incision de deux doigts et demi de profondeur; mais je n'obtins pas de meilleurs résultats (1).

La marche de l'hypertrophie générale, on le voit, peut être assez rapide; ici, il faut distinguer deux circonstances. Cette rapidité d'évolution peut exister pendant une grossesse ou en dehors de l'état puerpéral.

Lorsqu'elle se montre chez une jeune fille ou une jeune femme, en dehors de la conception, c'est la marche lente qui est la plus ordinaire; on rencontre encore néanmoins des exemples, et celui de Durston est du nombre, où l'affection a parcouru ses deux périodes si vite que, les médications ayant échoué, et un parti chirurgical n'ayant pas encore été adopté, la mort arrive par épuisement du sujet. Il semble qu'il y ait, dans cette maladie, un moment au delà duquel les symptômes s'aggravent tout d'un coup, et marchent fatalement vers une terminaison funeste, si l'on ne se hâte d'intervenir. C'est pendant la seconde période qu'on observe une hâte aussi grande de la marche; aussi, pendant la première période, est-il encore sage d'attendre au point de vue chirurgical, sans néanmoins omettre de tenter la compression. Lorsqu'on voit, au contraire, arriver la flaccidité des seins, il faut craindre de se voir distancer, et un chirurgien prudent doit se tenir prêt à toute éventualité.

Il n'en est plus de même dans les cas de grossesse;

(1) W. Durston, in Bibliotheca de Manget, t. III, livre 11, p. 252, ou bien In Philosophical Transactions, n. 32, t. II, p. 1047-1068, 1669.

dans ce cas, la marche est rapide d'emblée ; la première période semble ne pas exister ; par le fait, on la retrouve quand on la cherche ; mais elle a passé inaperçue à cause de la rapidité de la maladie. Les seins prennent, en quelques mois, un développement exagéré. Si l'hypertrophie préexistait à la conception, elle reçoit, de ce fait physiologique, une nouvelle et active poussée. C'est ainsi qu'on a vu des femmes dont les seins s'hypertrophiaient à chaque grossesse, et diminuaient de volume dans les intervalles, sans revenir néanmoins jamais à leur volume normal : l'observation de Skuhersky (voy. p. 57) en est un magnifique exemple : Van Swieten a eu également l'occasion de voir une femme accoucher deux fois et l'hypertrophie mammaire se reproduire chaque fois (voy. observ. 8) ; Iverg a noté les mêmes phénomènes dans trois grossesses successives ; dans les autres cas que nous avons pu recueillir, dans les journaux français ou italiens, on n'avait pu noter l'état du sein qu'après une première grossesse, et les faits manquaient encore pour en faire l'histoire après plusieurs accouchements successifs.

A ce propos, nous introduirons ici une question incidente. L'hypertrophie des seins exerce-t-elle une influence fâcheuse sur le développement du fœtus ? La grossesse nuit-elle à la santé de la mère ?

La réponse à la première question n'est pas toujours facile ; en effet les éléments nous manquent un peu. Van Swieten et Iverg ne nous parlent pas des enfants. Il est vrai qu'Esterle (voy. observ. 9) et Sacaza (voy. observ. 28) nous indiquent deux filles bien constituées, dont l'une est *plutôt petite* ; mais Skuhersky rapporte que le premier accouchement de sa malade a amené un garçon vivant, mais *pâle et faible*, et que la seconde fois, elle accoucha d'un *enfant mort*. D'après Weitenweber, l'enfant naîtrait d'ordinaire pâle et faible, et même il y aurait une certaine tendance à l'accouchement prématuré. On le voit, sans être une cause absolue de dépérissement sur le fœtus, l'hypertrophie mammaire de sa mère influe néanmoins d'une façon regrettable sur son développement, et l'on comprend cet effet quand on songe que la femme, qui fournit déjà des matériaux à l'accroissement de ses énormes tumeurs, a encore à subvenir à la nutrition d'un nouvel être.

Nous en avons assez dit déjà pour que l'on connaisse notre opinion sur l'influence apportée par une grossesse au développement des seins de la mère, il est évident pour nous qu'il y a là comme un surcroît d'activité imprimée à la marche de la maladie. Par conséquent, nous nous abstiendrons de conseiller le mariage ou les rapports sexuels à une femme dont les seins ont de la tendance à prendre du volume.

La question de la lactation est aussi assez obscure. Nous ne savons encore sur ce fait qu'une seule chose, c'est qu'elle a manqué jusqu'ici chez les accouchées atteintes d'hypertrophie mammaire ; quant à l'état du lait que l'on a pu rencontrer en dehors de l'état puerpéral, dans les glandes mammaires ainsi augmentées de volume, c'est plus haut que nous avons mentionné la seule analyse qui en ait été faite (voy. obs. 3).

La *durée* de la maladie est très-variable ; fort longue chez les unes, elle peut ne durer que quelques mois chez les autres.

Dans les observations où ce temps a été noté, nous trouvons : deux fois huit ans, cas de M. Lotzbeck, terminé par une amputation (voy. obs. 3), et de M. Richet, amélioré par la compression (voy. obs. 27); une fois cinq ans, dans le cas de Skuhersky, terminé par la mort; deux ans et demi dans le cas de Hey, (voy obs. 29) où on pratiqua l'amputation ; deux ans dans celui de M. Manec (voy. obs. 33), qui enleva les deux mamelles; un an dans le cas de Mac-Swiney (voy. obs. 19), ablation des deux seins successivement ; moins d'un an, dans le cas de M. R. Marjolin (voy. obs. 30) qui enleva une mamelle, et dans celui que je rapporte et que M. le professeur Richet a opéré; enfin *moins de quatre mois* chez la malade de Durston laquelle en mourut (voy. obs. 15).

La *terminaison* de l'hypertrophie générale de la glande mammaire peut se faire de trois façons, par l'état stationnaire avec diminution de tous les symptômes et amélioration de la malade; par la mort qu'entraîne l'épuisement graduel; par une complication soit de l'organe lui-même, soit d'un autre viscère de l'économie, et qui retarde ou empêche la guérison.

La terminaison par l'état stationnaire, que Fingerhuth appelle la guérison est la moins fréquente : la tuméfaction cesse de faire des progrès; mais la partie, une fois tuméfiée, ne revient jamais à son volume normal. C'est pourquoi la guérison ne peut être considérée comme complète qu'en tant que l'accroissement de la masse est limité à un certain degré de développement, et que l'on n'a plus de craintes à concevoir pour la santé générale.

La terminaison par la mort arrive quand l'émaciation commence et que les symptômes généraux se manifestent ; c'est ce qui est arrivé dans les cas de Durston (voy. obs. 15) et de Skuhersky (voy. obs. 14) ; dans ce dernier, nous avons noté de la fièvre hectique et une phthisie pulmonaire; d'autres fois, on a affaire à des abcès dans les canaux aériens ou à un hydrothorax.

Enfin la terminaison par une complication soit dans le sein, soit en dehors de lui, va encore nous arrêter un instant.

Les maladies qui peuvent venir compliquer l'hypertrophie générale sont assez nombreuses. Elles peuvent
siéger sur la mamelle elle même, ou en dehors d'elle.

Parmi les complications portant sur le tissu même
de l'organe, il nous semble que le galactocèle est, rela-
tivement assez fréquent ; nous l'avons noté dans deux
des observations rapportées dans ce travail : celle de
Lotzbeck (voy. obs. 3),où il est parlé de cavités remplies
de lait et de matière butyreuse, et où l'on trouve la
seule analyse du lait connue dans les cas d'hypertrophie générale des mamelles ; et celle de M. Manec (voy.
obs. 33) qui parle d'une distension énorme des canaux
galactophores, distendus, çà et là, par un liquide séro-
muqueux, et, dans d'autres lieux, par du véritable lait.
Nous ne saurions nous empêcher de faire remarquer
ici que l'accumulation des éléments du lait ne doit pas
nous surprendre ; nous savons en effet déjà que, chez
les femmes atteintes d'hypertrophie générale, la lactation ne s'établit pas, et que, quand elles se trouvent
dans les conditions propres à provoquer cet état fonc-
tionnel, les glandes mammaires, après avoir présenté
pendant quelques jours un processus fluxionnaire,
comme chez les femmes bien portantes, s'affaissent et
se flétrissent rapidement. Rien d'extraordinaire, dans
ces circonstances, à ce que les produits de sécrétion,
ne trouvant pas d'issue au dehors, s'accumulent sous

la forme de kystes intra-mammaires. Nous ne voudrions pas hasarder, à ce sujet, d'explication ambitieuse ; mais peut-être le manque absolu de la sécrétion du lait tient-il à l'effacement du mamelon et à l'agrandissement de l'aréole ; le développement exagéré du tissu fibreux et l'effacement qu'il produit sur les canaux sécréteurs et excréteurs, nous paraît cependant le meilleur moyen d'expliquer ce phénomène.

Une autre complication nous est fournie par les abcès de la mamelle, abcès ordinairement à marche lente et à longue durée ; nous en rapporterons un exemple dû au Dr Grähs.

Obs. XVI. *Hypertrophie générale des mamelles ; abcès, fistules, péritonite sur-aiguë, mort.* (Résumée.) — Femme bien portante jusqu'à l'âge de 15 ans, époque où la menstruation, qui s'était établie depuis quelque temps, et avait été régulière, s'arrête subitement pendant deux ans, à la suite d'un bain. A partir de ce moment, les seins, déjà assez gros, commencèrent à s'hypertrophier, et après ces deux années ils avaient acquis un tel volume qu'ils ressemblaient à deux grands sacs pendants le long du thorax, le recouvrant en entier, en avant et en arrière. Toute médication resta sans succès. Il se forma, dans les seins, des abcès qui donnèrent lieu à une suppuration abondante, à des ulcérations et à des fistules. La malade fut alitée pendant cinq ans. Tout mouvement était accompagné de douleurs persistantes pendant des journées entières. L'abondance de la suppuration ramollit les seins ; mais leur volume resta toujours extraordinaire. Le sein droit pesait alors treize livres : ce poids détermina une *cyphose* dans la colonne vertébrale. Un pareil état dura dix-huit ans, avec formation incessante de nouveaux abcès, dont l'un a laissé au sein droit, depuis 1857, un trajet fistuleux profond, qui ne se ferma jamais. Pendant cette longue période de dix-huit années, la malade a eu successivement une fièvre typhoïde, une fièvre intermittente, une rougeole, une méningite, une pneumonie.

Le 1er août 1860, mort par péritonite à marche rapide.

Autopsie. — Péritonite due à la rupture d'un kyste de l'ovaire droit, qui avait eu lieu pendant une époque menstruelle. Le sein droit descendait jusqu'au grand trochanter; le gauche jusqu'à la crête iliaque et en arrière jusqu'à l'extrémité des fausses côtes. Périphérie d'une aune (1 mètre 20 cent.). Le sein droit devait peser environ quinze livres. La peau recouvrant les seins était doublée d'un tissu cellulaire lâche : elle était blanche, sans altération, sauf l'ouverture fistuleuse. Peu de graisse, les seins contenaient des tumeurs dures comme des squirrhes. L'examen microscopique montre des faisceaux de tissu conjonctif étroitement serrés les uns contre les autres; quelques-unes des fibres renfermaient des noyaux. Point de vésicules de graisse, ni de leucocytes.

L'auteur suppose que, dans ce cas, l'hypertrophie des seins était en corrélation étroite avec *l'état pathologique de l'ovaire droit,* vu que cette hypertrophie s'était produite après la suppression des règles (1).

On rencontre encore, comme complication, des kystes séreux dans l'épaisseur de la mamelle affectée d'hypertrophie générale : en voici un cas que nous empruntons au mémoire de Fingerhuth, et qui s'est terminé par la mort; que la complication ait été pour quelque chose dans l'issue funeste, c'est ce que nous n'oserions pas croire; mais on conçoit que le fait puisse se présenter.

Obs. XVII. *Hypertrophie des deux seins, kystes mammaires; mort par épuisement.* — L. W..., âgée de 23 ans, d'une complexion délicate, était atteinte d'une tuméfaction de la mamelle, qui avait existé pendant plusieurs années sans cause connue, qui s'était développée depuis peu, et avait pris, depuis dix mois seulement, une marche beaucoup plus rapide : la mamelle avait atteint dans un court espace de temps un tel volume que la malade ne pouvait plus se livrer à ses occupations ordinaires. Une sensation de ten-

(1) C. G. Grähs, in Schmidt's Jahrbucher der in-und Auslandischen gesammten Medicin, t. CVIII, p. 44, 1863.

sion ou de tiraillement vers l'aisselle et l'épaule du côté droit, la forçait souvent de prendre une position horizontale dans laquelle elle se sentait peu à peu délivrée de la sensation fatigante causée par le poids de la mamelle. Les divers agents thérapeutiques dont elle avait fait usage, par les conseils de son médecin, n'ayant produit aucune amélioration, elle se décida à abandonner la maladie à elle-même. Elle resta ainsi pendant dix mois; durant ce temps il s'opéra un changement dans la tumeur qui augmenta de volume plus rapidement, et qui parut se ramollir dans sa partie centrale. Dans la pensée qu'il y avait un abcès en cet endroit, on appliqua successivement sur la tumeur, des cataplasmes de nature diverse, qui n'amenèrent point l'ouverture de l'abcès, et ne rendirent point la tumeur plus molle. C'est alors que je vis la malade pour la première fois. La tumeur avait 26 pouces (70 centimètres) de circonférence. Sa surface était uniforme, et elle présentait, au toucher, les signes caractéristiques de l'hypertrophie. A peu près sur la ligne médiane, mais un peu inférieurement, je remarquai une tache bleuâtre, au-dessous de laquelle la fluctuation était manifeste. A cette époque, de même que pendant tout le temps de la maladie, la tumeur était indolente; l'humeur de la malade était gaie.

Cependant, sa santé générale était sérieusement altérée depuis deux mois; elle avait perdu son embonpoint, éprouvait des pincements dans la région du cœur, une constriction à la poitrine, une toux sèche et avait perdu l'appétit. Dans cet état, je ne pouvais attendre de succès que de l'extirpation de la mamelle; mais la malade repoussa cette opération. Cependant, elle me demanda, sinon une cure radicale, au moins un soulagement. C'est pourquoi, pour m'assurer de la nature du liquide, je fis une ponction dans le point qui donnait de la fluctuation, et il s'écoula trois à quatre onces (100 à 120 grammes) d'une sérosité jaune. Cette évacuation fit perdre à la tumeur une partie de son volume. Dans l'espoir de déterminer l'inflammation adhésive des parois de la poche et de prévenir par là une nouvelle accumulation de liquide, j'établis une pression modérée au moyen d'une bande. Mais la malade ne put supporter aucune pression continue. La plaie se ferma promptement, et, au bout d'un mois, la collection s'était reformée comme avant la ponction. Fatiguée des tentatives inutiles de la médecine, la malade ne voulut plus en supporter aucune autre, et traîna une vie languissante pendant cinq mois, au bout desquels elle mourut dans un état d'épuisement complet. A l'inspection cadavérique, on reconnut une hypertrophie très-bien caractérisée de la glande mammaire. Dans deux points, le tissu de la glande était devenu plus dur, et dans le voisinage, il existait *deux simples kystes*, remplis de sérosité jaunâtre, qui probablement étaient le résultat de l'agrandissement de quelques cellules du tissu cellulaire qui avaient été privées de leur communication naturelle (1).

La gangrène des seins hypertrophiés a été notée une fois sur une malade du Dʳ. Huston ; elle avait eu pour cause un choc violent sur la mamelle. Mais cette complication peut être également une des terminaisons de cette affection, et se montrer sans cause occasionnelle dans les cas les plus graves, par les progrès mêmes de la maladie, lorsque la peau vient à être distendue immodérément.

Oʙs. XVIII. — *Hypertrophie des deux seins; violence extérieure, gangrène, mort.* — Ch. R....., jeune fille de couleur, a été, dès sa plus tendre enfance, pensionnaire de l'« Alm's house » de Philadelphie.

On ne connaît sur son compte aucun commémoratif antérieur à l'âge de la puberté. A cette époque critique, où la nature fait intervenir dans l'économie une nouvelle série d'actions et où l'on voit augmenter toutes les forces vitales, les modifications habituelles eurent lieu chez notre malade. Néanmoins, son sein gauche prit un développement inaccoutumé, et, à l'époque de sa sortie, quatre mois après l'accomplissement de sa quatorzième année, il avait acquis un volume considérable. Ce fait attirait l'attention et il fut un grief contre elle pour le maître chez qui elle cherchait à se placer. Mais les médecins de la maison assurèrent que cette hypertrophie décroîtrait avec l'âge, à mesure que le reste du corps

____

(1) Fingerhuth. Loc. cit., p. 448.

prendrait son développement habituel. C'est avec ce certificat de tranquillité qu'elle devint domestique. Mais comme si toute son énergie vitale se fût concentrée dans ses mamelles, celles-ci continuèrent à s'accroître peu à peu, jusqu'à il y a six mois, époque à laquelle elles parurent recevoir, sans cause connue, une nouvelle impulsion et où elles acquirent les gigantesques proportions qu'elles ont aujourd'hui. Pour remédier à la gêne que causait un poids aussi grand, elle portait toujours un corset lacé; mais, malgré ce poids extrême, elle pouvait se livrer à ses occupations journalières. Son activité était même très-remarquable; elle grimpait très-facilement sur les arbres, ou se livrait aux gambades habituelles au jeune âge. Sa santé générale paraît avoir souffert de l'établissement des règles; ajoutons qu'elles ne parurent qu'une seule fois, et en faible quantité.

Quoi qu'il en soit, le vendredi 14 avril, elle fut admise comme malade, dans une des salles de cet établissement. A cette époque, elle venait d'entrer dans sa seizième année. A l'examen des mamelles, on trouva une large tache superficielle, située à la partie la plus élevée du sein gauche, et qui était le résultat d'une *contusion récente*. Elle paraissait énormément souffrir; langue saburrale, constipation, chaleur très-forte à la surface des mamelles, pouls fréquent. — Traitement approprié à ces symptômes.

Mardi, 18 avril. La malade se plaint encore de beaucoup souffrir. La surface entière des deux mamelles présente une tendance au sphacèle. La fièvre hectique apparaît; en même temps se montre le délire, et la malade s'affaiblit manifestement. Dans de telles circonstances, on ne pouvait instituer aucune espèce de traitement ayant quelque chance de succès. Tout ce qu'on put faire fut de la prolonger le plus longtemps possible, en soutenant ses forces et en calmant ses souffrances par l'emploi des narcotiques. Elle vécut encore dans cet état déplorable jusqu'au 22, jour où elle succomba.

Autopsie. Extérieurement, les deux seins se présentaient sous l'aspect de deux grosses masses ovoïdes, remontant au-dessus de la clavicule et descendant au-dessous de l'ombilic. On ne peut rencontrer aucune trace du mamelon, qui avait disparu dans la distension si grande des téguments recouvrant les mamelles. On trouva les dimensions que voici :

Sein droit : Circonférence maxima, 34 pouces (92 centimètres); circonférence minima, 18 pouces (48 centimètres). Poids, 12 livres (5,440 gr.)

Sein gauche : Circonférence maxima, 42 pouces (1 mètre 17 cent.); circonférence minima, 26 pouces (83 centimètres). Poids, 20 livres (9,069 gr.)

En enlevant le sein droit et faisant une coupe, au lieu de tissus morbides ou de liquides collectés, on n'aperçut qu'une simple hypertrophie glandulaire, sans altération de structure. Il y avait également une grande augmentation dans les éléments adipeux et cellulaires, aussi bien que dans le tissu glandulaire; aucune apparence de production morbide ou de liquide épanché. Bref, structure saine, mais accumulation énorme d'éléments normaux.

Les *ovaires* étaient *plus gros* qu'à l'état normal et *semblaient malades*. L'utérus était celui des femmes de son âge; les deux tiers de sa cavité étaient recouverts d'un exsudat épais. Système musculaire modérément développé. Les extrémités inférieures étaient assez fortes, par suite de l'effort nécessité pour supporter un pareil poids. Extrémités supérieures un peu émaciées; fibres musculaires relâchées. — Sa taille cinq pieds (1^m,62), moyenne habituelle des filles de son âge (1).

On peut rencontrer aussi un cas où l'hypertrophie est si rapide et se reproduit si vite dans le second sein, après qu'on a eu enlevé le premier, que cela constitue une véritable complication contre laquelle il est impossible de lutter autrement que par l'amputation de la seconde mamelle. Ce n'est pas là, si l'on veut, une complication véritable, puisque la tumeur ne suit là qu'une marche beaucoup plus rapide que d'habitude; mais l'ensemble des symptômes que l'on rencontre

(1) Huston, In the American Journal of medical sciences, t. XIV, 1834, p. 374.

forme un faisceau si terrible et si local, pour ainsi dire, que l'on peut être fondé à croire, en ce cas, à quelque complication locale à marche terriblement envahissante. Nous n'avons pu trouver que deux observations bien authentiques d'amputation du sein excitant une pareille poussée dans la mamelle restante, nous voulons parler du fait de M. Manec, rapporté plus loin (voy. observ. 33), et de celui que nous allons citer; en effet, le cas de M. Bouyer (de Saintes) n'a pas, à cet égard, toute l'autorité que veut bien lui attribuer M. le professeur Richet quand il prétend, contre Hey, M. Marjolin et autres, que le second sein ne continue à s'accroître que de plus belle après l'amputation du premier; car il est reconnu, par le chirurgien lui-même, qu'il s'est peut-être un peu hâté d'enlever le second sein, lequel avait beaucoup diminué de volume, et surtout lorsque les règles avaient fait leur apparition dans l'intervalle des deux opérations.

Voici maintenant l'observation due au Dr Mac-Swiney, et dont je viens de parler :

Obs. XIX. — *Hypertrophie générale des deux seins ; amputation du sein droit; énorme accroissement du sein gauche; amputation; guérison.* M. M....., 20 ans, fille, vint me demander mon avis pour une augmentation considérable du poids et du volume de ses deux seins. Elle me donnait les renseignements suivants :

Elle a toujours été assez délicate, mais jamais malade, autant qu'elle puisse se le rappeler. Il y a un an, elle s'aperçut qu'elle avait comme « une amande » dans le sein droit. Peu de temps après, elle acquit la certitude que ses deux seins avaient assez rapidement pris un grand développement. Jusqu'alors, ils avaient été d'une taille au-dessous de la moyenne; mais alors ils commencèrent à s'accroître rapidement et lui causèrent une grande gêne par leur poids et leur volume. Elle n'y a jamais éprouvé de douleurs; rien que quelques élancements de temps à autre, avec un sentiment général de malaise dans toute la région mammaire. Bientôt sa santé s'altéra, elle perdit l'appétit; le poids du corps et les forces diminuèrent; le sommeil fut troublé. Elle n'a pu donner aucune cause à cette affection des mamelles. Elle avait toujours été régulièrement menstruée, depuis sa première époque à quatorze ans. Elle n'avait jamais reçu de coup sur la mamelle ni éprouvé aucun trouble du côté de cet organe. Deux mois avant de venir me voir, elle avait consulté M. Edw. Hamilton, et avait suivi, pendant plusieurs semaines, le traitement indiqué par cet honorable chirurgien. Pendant ce temps, elle n'observa pas d'aggravation dans son état, dit-elle, mais elle s'aperçut que le volume de ses seins diminuait après chacune de ses périodes, pour reprendre ensuite, et que c'était à la suite de sa dernière menstruation que ses glandes avaient atteint leurs plus grandes dimensions.

Après m'en être entendu avec mes collègues de « Jervis street Hospital, » je la soumis à une série de médicaments destinés à provoquer la résorption du tissu hypertrophié. Elle prit à l'intérieur de l'iode sous différentes formes. Ce traitement fut suivi plusieurs semaines, sans amener d'amélioration.

A cette époque, je pensai que la maladie était au-dessus des ressources de la thérapeutique pure, et sous l'influence des résultats annoncés par Birkett et autres, je me persuadai que le seul remède était dans l'excision. *Comme, dans certains des cas d'hypertrophie des deux seins, l'ablation d'une glande avait amené la diminution de la seconde,* j'étais disposé à n'enlever d'abord qu'un sein et à attendre, pendant quelques mois, ce qui se produirait. Cette idée, que je communiquai à la jeune fille et à ses parents, trouva la première assez indécise et méfiante; aussi recommandai-je d'abord un séjour de quelques jours à la campagne, et indiquai-je un plan de traitement et de régime tendant à améliorer l'état général de la malade.

Je la perdis de vue pendant quelque temps, et, parmi les médecins qu'elle alla voir, se trouva le Dr R. Macdonnel, qui lui dit qu'une seule chose lui restait à faire, après l'échec de tous les autres traitements, c'était de suivre l'avis que je lui avais donné.

Le 16 juillet, elle revint de nouveau dans mon service, et de nouveau je pris l'avis de mes collègues sur la marche à suivre en ce cas. Après avoir pesé le pour et le contre, voyant que l'hypertrophie des seins continuait, que la santé s'altérait de plus en plus, et que l'essai fait des médicaments pouvait passer pour sérieusement complet, nous convinmes de lui proposer l'ablation du sein droit, puis celle du sein gauche, si la première n'était pas suivie d'une grande diminution dans le volume de la mamelle voisine. Elle y consentit volontiers en disant que le poids des tumeurs était insupportable pour elle ; je priai M. Stapleton, dont l'expérience pour ces sortes de maladies est bien connue, de la recevoir dans son service, afin de l'opérer.

Voici quel était son état à cette époque : elle était pâle et faible ; pas d'appétit ; sommeil troublé et difficile. De temps à autre, palpitations douloureuses. Le premier bruit du cœur est doux, normal ; le second est éclatant, rude, aigu. Pas de souffle. Pouls à 90. Langue normale, selles régulières, voix basse et faible. Elle paraît épuisée au dernier point ; elle ne peut supporter le poids de ses mamelles ; elle se sert, en guise de suspensoir, d'un linge qui supporte, à l'intérieur de ses vêtements, le poids des tumeurs.

Au devant des deux seins, la peau offre une coloration normale à la partie supérieure ; mais elle est plus foncée et même un peu livide sur la moitié inférieure. Les mamelles sont pendantes ; elles ont la forme de deux poires. On voit se dessiner, dans l'épaisseur de la peau, d'énormes veines dilatées par du sang. Les seins sont formés de lobules distincts ; ils donnent bien la sensation du tissu mammaire à un haut degré d'activité fonctionnelle. *Rien dans les ganglions axillaires.*

Les dimensions des deux tumeurs étaient les suivantes :

Sein droit : Longueur, 11 1[2 pouces (33 centimètres). Circonférence, 21 pouces (56 cent.)

Sein gauche : Longueur, 10 1[2 pouces (31 centimètres). Circonférence, 20 pouces (54 centim.)

24 juillet. Pendant que j'administrais le chloroforme, M. Stapleton pratiquait l'ablation du sein droit.... La perte de sang fut très-faible, grâce à la précaution prise par le chirurgien de *soulever pendant quelque temps la tumeur avant l'opération*, de façon à forcer le sang veineux d'en sortir autant que possible....

Immédiatement après l'opération, je portai la tumeur sur une balance, et trouvai qu'elle pesait 6 livres et demie (2,550 grammes), et je puis estimer que la manœuvre de suspension de la tumeur, avant l'opération, en avait bien chassé une demi-livre de sang (225 grammes environ). Si nous y ajoutons le poids de l'autre mamelle, nous voyons que cette pauvre fille avait à porter, nuit et jour, au devant de sa poitrine, pas bien loin de 25 livres (11 kilogrammes 589 grammes.)

26. Pas de douleur dans la plaie, qui a un bon aspect. Léger frisson ce matin; maintenant chaleur, fièvre, soif; mal de tête; langue sale ; pouls à 110 ; rougeur de la peau au devant du sternum.

27. La malade se plaint d'être très-mal à son aise. La peau qui recouvre la mamelle gauche est un peu rouge, chaude et douloureuse ; langue blanche, rouge sur les bords. Pouls, 120 à la minute. M. Stapleton dit : angioleucite légère.

En quelques jours, tous les signes de fièvre disparurent, la plaie guérit rapidement, il y eut réunion par première intention, et la guérison ne se fit pas attendre.....

19 août. Elle quitte l'hôpital pour aller à la campagne.

8 septembre. Elle revient me voir et je constate l'état suivant : elle paraît beaucoup mieux qu'avant l'opération. Le sommeil est bon, l'appétit aussi : les règles sont régulières; plus de douleur ni de gêne.

A l'examen de la région, je trouve que les tissus du côté droit sont sains ; une cicatrice étroite marque seule la ligne de l'incision. La peau est froncée sur la mamelle gauche ; la glande est considérablement réduite. Voici quelles sont ses dimensions :

Circonférence, 16 pouces (43 centimètres).

Longueur, 6 pouces 1/2 (18 centimètres).

Ainsi, nous avons gagné sur chaque dimension quatre pouces (10 centimètres), et j'espère, d'après ce fait, que nous marchons vers une diminution complète (1).

Suite de la précédente. — .....La diminution de développement du

(1) Mac Swiney, in The Dublin quarterly Journal of medical science, t. XLVIII, 1869, p. 500, avec une gravure.

sein gauche ne dura pas longtemps; le volume de l'organe demeura stationnaire pendant quelques semaines ; puis le sein recommença à s'accroître, et bientôt il acquit des dimensions égales à celles qu'il avait auparavant.

Pendant ce temps, nous revîmes plusieurs fois, M. Stapleton et moi, cette jeune fille, qui était retournée chez elle, et nous conseillâmes des médicaments internes et des applications topiques qui n'eurent aucun effet : car la tumeur prit un accroissement rapide. Sa santé déclina, avec le retour de l'hypertrophie, et finalement, à bout de forces, elle rentra à l'hôpital le 5 janvier 1870. Ce jour-là, la glande mesurait à sa circonférence 30 pouces (81 centimètres), en longueur 22 pouces (59 centimètres).

La surface de l'organe semblait malade; elle était de couleur rouge foncé, sensible au toucher. La peau avait cédé en un point qui donnait passage à une sécrétion séro-sanguine, assez peu abondante..... Le pouls était accéléré, la langue chargée, pas d'appétit ; la malade se trouvait très-souffrante.

Désireux de soulager la pauvre enfant autant que possible, ce qu'il ne pouvait faire qu'en lui enlevant cette seconde tumeur, M. Stapleton dut néanmoins attendre pour améliorer par le repos l'état général, et remédier un peu aux phénomènes locaux graves. Il fallut pas mal de temps pour y arriver ; mais, au bout d'un mois, elle était si bien qu'on résolut de ne pas retarder plus longtemps l'opération.

Aussi, le 10 février, après inhalation du chloroforme, M. Stapleton pratiqua l'ablation du sein gauche presque sans perte de sang. Dans la balance, on trouva que le poids de la tumeur était de 11 livres (environ 5 kilogrammes).

Les notes suivantes ont été recueillies par M. Ross, mon élève, qui a suivi la malade avec le plus grand soin et le plus vif intérêt.

Immédiatement après l'opération, potion calmante. — A 7 heures du soir, pouls à 94, plein ; frissons, vomissements; pas de mal de tête. — A 9 heures et demie, pouls à 108, plein ; pas de frissons ni de vomissements. A pris du bouillon de poulet et de la glace. Demande un citron parce qu'elle se sent altérée.

11 février. Pouls à 108 : n'a pas bien dormi pendant la nuit ;

dort ce matin ; ni mal de tête, ni vomissements, ni hémorrhagie. Potion de Rivière morphinée.

12. Pouls à 128 : langue sale, se plaint dans le côté gauche d'une grande douleur, qui, dit-elle, l'empêche de respirer.

13. Pouls à 112, langue meilleure, a toujours la douleur de côté. Le chirurgien enlève toutes les pièces de pansement, sauf deux bandelettes de diachylon, qui réunissent les bords de la plaie ; il y a très-peu de pus ; on panse avec de la charpie trempée dans du vin de Porto : on permet un peu de poulet et du vin. Continuation de la potion calmante.

14. Pouls à 94 ; la langue se nettoie ; peu de pus, et de meilleure qualité ; même pansement. On prescrit du fer tout en continuant la potion de Rivière. Même régime.

15. Pouls à 88 ; langue parfaitement nette ; pansement comme à l'ordinaire ; une partie de la plaie s'est réunie.

Le 16. Pouls à 80 ; même état de la langue ; sommeil facile ; même régime.

Le 17. Pouls à 72 ; dort bien ; langue saine, même traitement.

Le 19. Pouls à 68 ; mêmes remarques ; l'incision se guérit.

Le 24. Pouls à 68 ; on continue encore le pansement ; mais la plaie se ferme ; il n'y a plus qu'un petit point, vers le centre, qui ne soit pas encore cicatrisé.

Le 28. L'amélioration a été uniforme et graduelle ; la plaie est maintenant guérie ; la santé paraît bonne ; il y a de l'appétit ; le sommeil est bon.

11 avril. La malade quitte l'hôpital. La cicatrice est parfaite ; la santé est bonne. La malade a engraissé, elle exprime la plus vive reconnaissance d'avoir été affranchie des souffrances causées par l'opération (1).

Il nous reste à signaler les complications qui naissent en dehors des mamelles hypertrophiées elle-mêmes. Elles siégent assez souvent dans l'ovaire, et nous les avons rencontrées déjà, chemin faisant, dans les cas

(1) Mac Swiney, in the Dublin quarterly Journal of medical science, t. XLIX, 1870, p. 349.

de Huston et de Grähs (voy. observ. 16) ; elles ont pu passer inaperçues alors parce qu'elles étaient masquées par des complications du côté de la glande mammaire ; mais elles n'en existaient pas moins, puisque, dans un des deux cas, elles ont entraîné la mort. Du reste, les sympathies qui unissent les mamelles et les organes génitaux de la femme sont si étroites qu'on ne s'étonnera pas de voir les maladies d'un de ces deux appareils retentir sur l'autre et venir lui apporter des complications.

En terminant, signalons les complications dues aux violences extérieures, aux opérations chirurgicales, aux plaies, à l'érysipèle, en somme, à l'action des agents venus du dehors.

L'hypertrophie est, en général, assez facile à distinguer de toutes les autres affections de la mamelle.

Nous n'avons point besoin de dire qu'on ne confondra pas avec l'hypertrophie du sein une tumeur de cet organe de nature carcinomateuse ; la dureté, l'inextensibilité, l'aspect ridé ou gaufré des téguments, la confusion de tous les tissus, l'adhérence à la peau, l'engorgement des ganglions axillaires n'existent point dans l'hypertrophie générale ; de plus, le cancer se montre rarement dans les deux mamelles à la fois ; il est vrai qu'il peut se généraliser, et par conséquent occuper la seconde mamelle après l'ablation de la première ; mais, à cette période, on a bien d'autres signes pour se mettre sur la voie du diagnostic.

La sensation de fluctuation que nous avons notée dans l'hypertrophie ne se présente pas non plus dans les tumeurs malignes, mais on la rencontre dans les kystes, les abcès, les galactocèles ; nous ferons observer toutefois que ces tumeurs diverses, n'occupant qu'un point de la région et constituant toujours un *corps* particulier, ne ressemblent en rien à ces masses fluctuantes énormes, qui tremblotent comme de la gelée quand on les agite fortement, et qui ressemblent, dans certains cas, à de grands sacs remplis de liquide : c'est ici que le diagnostic peut être assez délicat. On a vu, en effet, des chirurgiens experimentés plonger profondément un

bistouri dans des hypertrophies mammaires, croyant
avoir à donner issue à un épanchement quelconque."

Mais il est une autre espèce de tumeur du sein qui ne
s'accompagne pas d'engorgement des ganglions axillaires, ni d'adhérence à la peau, qui est exempte de
fluctuation et douée d'une certaine résistance ; nous voulons parler de la tumeur adénoïde ou adénôme du sein,
ou hypertrophie partielle ; nous croyons qu'elle est
plus localisée que l'hypertrophie générale, formant des
masses roulant sous le doigt, lisses, polies et non chargées de ces petites inégalités constituées par l'augmentation de volume des acini glandulaires ; d'ailleurs,
pour nous, la tumeur adénoïde est le type de la variété d'hypertrophie décrite par Velpeau sous le nom
d'hypertrophie fibro-cellulaire de l'organe : ici, il n'y
a plus d'acini, ils ont été comme emprisonnés et
étouffés au milieu d'une masse exagérée d'éléments
fibreux.

Dans l'hypertrophie mammaire, au contraire, on retrouve toujours les éléments glandulaires augmentés
de volume, peu de tissu adipeux, et la quantité de
tissu fibreux est plutôt comparativement exagérée
que diminuée par rapport à l'état normal. L'adénôme est isolé des tissus voisins par une lame fibreuse propre (1) qu'on ne retrouve pas dans l'hypertrophie des mamelles. Enfin, le liquide qui est contenu
parfois dans des poches ou dans la tumeur elle-même,
contient, suivant Lebert, des cristaux de cholestérine,
dans les cas d'hypertrophie partielle.

(1) Bull. de la Soc. anat. Rapport de M. Legroux, etc., XLIIIe année,
2^r série, t. XIII, p. 282, mars 1868.

Labarraque.   7

Nous allons maintenant rappeler deux exemples d'affections du sein relatées sous le nom d'hypertrophie générale, et qui, pour nous, n'en sont pas; nous les transcrivons dans tous leurs détails; après chacune d'elles, nous indiquerons les raisons qui nous ont fait rejeter le diagnostic porté par leurs auteurs.

Le premier fait qui m'a paru discutable est celui qu'a rapporté M. Ashwell, sous le titre de : Cas remarquable d'hypertrophie du sein chez une jeune femme, et dont voici la traduction :

Obs. XX. *Augmentation de volume du sein droit chez une jeune femme.* — E. K..., âgée de 24 ans, de petite stature, délicate, d'intelligence vive, a été reçue à « Guy's hospital » pour être débarrassée d'une énorme tumeur qu'elle portait au sein droit. (D'après la figure donnée par l'auteur, ce sein offre la forme d'un melon pendant et sillonné de vaisseaux de haut en bas.)

Le commémoratif a appris ce qui suit : la femme a été réglée à l'âge de douze ans; elle a toujours été bien portante et bien réglée; elle s'est mariée à dix-neuf, elle est devenue de suite enceinte et a mis au monde un enfant bien portant; l'accouchement a été plutôt difficile, mais naturel.

Elle a donné à téter à son enfant des deux côtés pendant les deux premiers mois; mais ses bouts de sein étant devenus malades, elle a été obligée de cesser de nourrir. Quinze jours après l'accouchement, en effet, un *abcès* s'est formé dans le sein droit, siége de la maladie actuelle; il s'est ouvert, dans l'espace d'un mois, par un grand nombre de petites ouvertures, donnant à la partie inférieure du sein un aspect crébriforme. Ces ouvertures, cependant, se sont bientôt fermées, et la matière, collectionnée de nouveau, a été évacuée par une ouverture pratiquée à la face antérieure de la mamelle. Ces circonstances ont obligé la malade à suspendre l'allaitement.

Huit mois après l'accouchement, les deux seins étaient revenus à l'état naturel, en apparence, et la femme a conçu de nouveau. Vers la douzième semaine, elle s'est aperçue d'un gonflement dur, du volume d'un œuf de poule, dans l'aisselle droite ; cette grosseur n'était ni douloureuse, ni sensible ; elle augmentait de volume. Son médecin lui a fait appliquer des sangsues et pratiquer des fomentations. On a cru avoir affaire à un ganglion irrité ; mais au lieu de diminuer, la tumeur a augmenté de volume, et est devenue douloureuse. On a eu recours aux préparations iodées, mais sans avantage. On a alors pris le parti de ne rien faire jusqu'à l'accouchement.

Depuis cette époque jusqu'à la parturition, qui s'est faite naturellement, la tumeur s'est accrue : le troisième jour des couches, elle présentait 18 pouces (48 centimètres) de circonférence ; la montée du lait a donné à la mamelle un volume extraordinaire; la tumeur gênait beaucoup par s.n volume et par la *douleur* dont elle était le siége ; l'utérus lui-même paraissait sympathiser avec cette douleur, puisque la main, appliquée sur l'hypogastre, pouvait à peine être supportée.

La malade a voulu nourrir son enfant en lui donnant son sein gauche seulement. Bien que *le lait continuât à affluer* dans le sein droit, néanmoins la tumeur a diminué progressivement jusqu'au huitième mois, lorsqu'elle a sevré son enfant par suite d'une troisième grossesse. Alors la tumeur offrait le volume d'une orange.

Au troisième mois de cette grossesse, la tumeur a commencé de nouveau à augmenter de volume, comme dans la grossesse précédente, mais plus rapidement, bien que sans douleur. C'est dans cet état qu'elle est entrée dans un des hôpitaux de la capitale. La tumeur offrait alors 23 pouces (62 centimètres) de circonférence. Un traitement a été suivi, mais sans avantage. La femme est allée ensuite consulter sir Astley Cooper. Ce praticien l'a examinée attentivement et l'a aussitôt *ponctionnée* avec une lancette, ce qui a donné issue à 60 grammes de lait caillé, strié de sang. La piqûre s'est cicatrisée, mais bientôt après, elle a donné issue à un mélange fétide de pus et de lait.

Un mois plus tard, pendant que la malade faisait un mouvement, il s'est échappé, par la même ouverture, une grande quantité de sang en plein jet. Ce liquide s'est arrêté spontanément ; mais un pareil phénomène s'est reproduit bientôt après et a occasionné

l'accouchement prématuré à sept mois. L'enfant est né vivant,
mais il n'a vécu que vingt heures. Les deux mamelles étaient douloureuses, la droite plus que la gauche, et surtout la tumeur, qui
était très-tendue et dure ; elle a commencé cependant à diminuer
de volume le troisième jour. Cette diminution n'a été, cette fois,
que peu considérable.

Six mois après, quatrième grossesse. La tumeur offre 14 pouces
(37 centimètres) de circonférence (mai 1840).

Plus tard (15 novembre 1840), lors de l'entrée de la malade à
« Guy's Hospital », la tumeur présente 29 pouces (78 centimètres) de
circonférence et pèse 10 kilogrammes. La malade y éprouve quelques malaises, et, lorsqu'on la manie, elle y accuse des *douleurs
lancinantes.*

M. Ashwell l'a soumise à un traitement interne et externe ; lotions opiacées saturninées, quinine, purgatifs, etc., mais sans en
obtenir d'avantage. La malade a, en conséquence, quitté l'hôpital
dans le même état. On aurait tenté d'autres moyens si elle n'eût
pas été pressée de partir (1).

Les raisons qui nous engagent à ne par considérer
cette tumeur comme une hypertrophie générale sont
les suivantes : on a eu affaire à une tumeur limitée,
venue à la suite d'un abcès du sein et de fistules mammaires, qui s'est développée avec des douleurs, parfois
lancinantes (deux signes qui font défaut dans l'hypertrophie mammaire) ; la lactation s'est bien faite dans le
sein affecté, tandis que c'est le contraire dans l'hypertrophie. Il faut croire que la fluctuation y était bien
manifeste, puisqu'un praticien aussi expérimenté que sir
Astley Cooper s'est trouvé entraîné à y pratiquer une
ponction, ce qu'il n'eût pas fait s'il avait cru avoir affaire
à une hypertrophie générale du sein. Enfin, la tumeur

(1) Ashwell, in Guy's hospital Reports, 1re série, t. VI, p. 202, 1841 ;
traduit in Gaz. des hôp., 1842, n. 30, p. 139.

n'existait pas avant le premier accouchement, et nul doute que s'il y avait eu, en ce cas, de l'hypertrophie, elle ne se fût montrée lors de sa première grossesse. Si nous devions formuler, dans ce cas, un diagnostic, nous dirions que la malade de M. Ashwell était affectée d'une tumeur adénoïde venue à la suite d'abcès et de fistules mammaires. .

La seconde des observations dont j'ai parlé est due à MM. Image et Hake ; elle est intitulée : hypertrophie de la mamelle du côté gauche ; nous la reproduisons *in extenso* pour la partie clinique, et abrégée pour l'examen anatomo-pathologique.

Obs. XXI. — *Augmentation de volume du sein gauche ; ablation ; mort ; autopsie* (1). — S... (H.), âgée de près de 21 ans, née à Brandon, entre, le 15 avril 1845, à l'hôpital général de Suffolk, avec une augmentation de volume considérable de la mamelle gauche.

L'histoire de la malade, avant son entrée à l'hôpital, fournit peu de renseignements utiles sur la nature de l'affection et sur son mode de formation. Il paraît que sa santé a été généralement bonne ; elle ne se souvient pas d'avoir fait de maladie, sauf trois années auparavant ; elle se rétablit alors rapidement et reprit sa profession de servante. Elle ne peut préciser quelle a été sa maladie ; elle affirme toutefois qu'elle n'a eu aucune influence sur l'état de ses seins.

C'est il y a environ deux ans qu'elle remarqua pour la première fois qu'elle portait, juste au-dessus du mamelon, une tache rouge de la dimension d'une pièce de 1 shelling, et que sa mamelle était plus grosse ; celle-ci était indolente, même à la pression. La malade n'avait pas noté ce développement de la mamelle jusqu'au moment où la tache rouge attira son attention. La menstruation était normale ; ce n'est que deux mois après que le sein

(1) Nous devons la traduction de cette intéressante observation à notre excellent ami, le Dr Paul Morel d'Arleux ; nous le prions d'en agréer tous nos remercîments.

commença à devenir douloureux ; il paraît qu'on fit alors usage de sangsues et de lotions froides. La mamelle continua à grossir progressivement, la douleur restant toujours la même, mais pas très-intense. L'iode à haute dose fut également employé, mais sans effet.

La malade se souvient de s'être frappé le sein, il y a quelque temps, avec le balancier d'une pompe ; mais, sur le moment, elle n'a pas souffert du coup, et ne peut, en aucune manière, rapporter son affection à cet accident. En réalité, elle ne peut se rappeler si c'est à cette époque que son sein a commencé à grossir.

En avril 1845, la mamelle est pendante ; il existe, juste au-dessus du mamelon, une tache bleue, ressemblant à un nævus, et de la dimension d'une pièce d'une demi-couronne ; il y en a quelques autres semblables, mais plus petites dans le voisinage. Toute la surface de la mamelle offre une teinte générale bleuâtre ou ardoisée. La peau elle-même, excepté aux endroits sus-indiqués, est normale, et sa teinte ardoisée disparaît sous la pression. La masse tuméfiée offre, à sa base, une circonférence de 15 pouces (40 centimètres) ; son diamètre vertical est de 9 pouces (24 centimètres), et son diamètre transversal de 11 pouces (29 centimètres).

Par une pression graduelle, on arrive à la réduire à la moitié au moins de son volume primitif. Les veines paraissent dilatées. Lorsque, par la pression, on fait diminuer la tumeur, la malade se plaint d'un sentiment de plénitude et de lourdeur à la tête, et, lorsque l'on fait cesser la compression, il survient de la pâleur et des vertiges ; ces manipulations ne produisent, du reste, qu'une douleur insignifiante. La malade a l'extérieur frais et vigoureux d'une fille de la campagne ; les règles sont régulières et naturelles, et l'époque menstruelle n'amène aucun changement dans le sein ; en réalité, à l'exception de quelques défaillances temporaires, d'une nature alarmante, et d'une profonde dépression mentale, la constitution de la malade est saine.

Le traitement employé fut la compression au moyen d'un coussin à air, renfermé dans une demi-sphère métallique, de manière à porter également sur tous les points de la mamelle. Ce traitement fut continué pendant trois mois, sans qu'il en résultât d'amélioration.

La compression, pendant le temps qu'elle existait, donnait une sensation de soutien aux parties ; quand on la faisait cesser, la mamelle redevenait promptement tendue, et un sentiment de défaillance suivait invariablement le retour du sang dans la tumeur.

En même temps, en dépit de la diminution de la masse par la compression, l'affection elle-même faisait des progrès, et en septembre, cinq mois après l'entrée à l'hôpital, elle présentait l'apparence suivante : les taches colorées, précédemment décrites, se sont élargies et réunies; de nouvelles taches isolées ont apparu, et la coloration en forme de nævus a atteint six à sept fois au moins ses dimensions.

Cette superficie morbide présente une forme irrégulière : elle est constituée par des taches réunies et des points isolés offrant les caractères du nævus.

Les parties, originellement rouges, sont devenues pourpres; celles qui sont nouvellement développées sont rouges. Le mamelon est presque oblitéré et l'aréole a disparu sous l'invasion du processus morbide. Le point primitivement affecté est devenu le siége d'une dilatation veineuse assez remarquable pour constituer l'un des traits saillants de l'observation ; et le tégument externe est aminci au point de faire craindre une prochaine rupture.

Au mois de septembre 1845, je conduisis ma malade à Londres, chez plusieurs chirurgiens. Il n'y eut que peu de divergence d'opinion sur la pathologie de la tumeur; mais il y en eut beaucoup sur le meilleur traitement à adopter. Quelques autorités imposantes conseillèrent l'amputation de toute la mamelle, en ayant soin de s'opposer, par tous les moyens possibles, à l'hémorrhagie et à l'entrée de l'air dans les veines. D'autres émirent l'avis d'introduire de simples fils à travers la mamelle dans l'espoir d'oblitérer définitivement la texture celluleuse de la tumeur. En dernier lieu, on proposa, et on résolut, à la majorité des voix, de recourir à la méthode suivante :

Placer la malade dans le décubitus dorsal, faire une incision verticale le long de la masse hypertrophiée, et disséquer deux lambeaux de peau saine aussi loin que possible, en liant les vaisseaux au fur et à mesure : passer deux longues et fortes aiguilles, fixées fortement sur des manches, à travers la base de la tumeur, de manière qu'elles se rencontrent en croix vers le centre, puis les faire ressortir après les avoir armées d'une double ligature; les aiguilles étant détachées, lier ensemble fermement les bouts des ligatures, au nombre de huit, de manière à étrangler ainsi la tumeur.

Je ramenai la malade très fatiguée du voyage, et ayant des défaillances continuelles. A ce moment, la tumeur faisait une saillie de 7 pouces (18 centimètres) au devant de la poitrine; elle mesurait 23 pouces (62 centimètres) de circonférence à la base, 13 pouces (35 centimètres) dans son diamètre vertical, et 15 pouces (40 centimètres) dans son diamètre horizontal.

Il était évident qu'elle augmentait chaque jour, et, son époque menstruelle étant terminée, je me déterminai à l'opérer promptement. Il y avait, à cette époque, un *thrill* très-distinct communiqué par le cœur.

L'opération fut pratiquée le 25 septembre 1845, et dura vingt minutes; pendant la dernière partie, la malade eut une syncope; elle avait perdu environ 14 onces (environ 450 grammes) de sang, et il est évident qu'elle éprouva un choc redoutable quand on serra les ligatures. Elle eut des vomissements peu de temps après avoir été replacée dans son lit : son pouls était à peine perceptible; cependant, au bout de quelque temps, elle se remit un peu. On lui administra successivement des stimulants, du gruau, des opiacés sous forme liquide; mais tout fut rejeté par les vomissements. Il y avait toujours un suintement considérable de sang veineux, particulièrement par la partie inférieure de la plaie, à l'endroit traversé par une des ligatures : on l'arrêta par la compression et l'acide gallique, et on administra, par le rectum, de l'opium et du bouillon de bœuf.

26 septembre. Elle a passé une nuit sans sommeil. Les vomissements ont continué, ainsi qu'un certain degré de suintement sanguin. Le pouls était rapide et petit, avec d'autres symptômes de collapsus, résultat du choc et de la perte de sang : celle-ci monta en tout de 30 à 36 onces (de 450 à 630 grammes environ). La malade mourut à dix heures et demie, vingt-deux heures après l'opération.

Autopsie. — Le 27 septembre, à huit heures du matin, vingt-deux heures après la mort, et quarante-quatre heures après l'opération. Le corps est encore chaud. Les veines superficielles du cou appâraissent larges et noires, la tumeur est noire ; la peau est décollée par des vésicules, la décomposition est avancée. La plèvre gauche contient 2 onces (60 grammes), et le péricarde 2 onces et demie (75 grammes) de sérum sanguinolent. La peau qui recouvre le sternum se dépouille au moindre contact, et la décompôsition des parties environnantes paraît avoir avancé rapidement. Rien autre chose d'anormal accusable à la vue. La tumeur fut enlevée soigneusement avec une portion des cotes pour être examinée ultérieurement avec attention.

Description anatomique et pathologique de la tumeur. (Abrégée.) Le tissu adipeux et les tractus fibreux situés entre la peau et la substance glanduleuse sont comprimés en avant ; les conduits galactophores se perdent dans ce tissu condensé avant d'arriver au mamelon. Des vestiges de la glande, de formes diverses et de dimensions variant d'un grain de millet à une amande, s'observent çà et là.

Les veines superficielles sont dilatées uniformément en larges sinus. La veine mammaire interne, à sa jonction avec la veine sous-clavière, offre un rétrécissement étroit, épaissi.

Au microscope, avec de faibles grossissements, on observe une structure générale lacuneuse. Les lacunes forment le trait d'union entre les capillaires et les troncs veineux en état de distension. C'était la dilatation des fins rameaux veineux en lacunes qui avait uniformément et anormalement séparé et distendu tous les tissus, ce qui était évident surtout parmi les éléments fibreux et glandulaires.

Ce résultat a été amené, selon toute probabilité, par la force du sang artériel venant agir à la longue sur le système veineux qui ne pouvait se vider assez vite, en raisou du rétrécissement de la veine mammaire interne, d'où l'accumulation du sang et la distension lacunaire.

Cette affection, causée probablement par un coup sur le tronc veineux de la glande mammaire interne gauche, est jusqu'ici unique dans la science (1).

Nous pouvons nous dispenser, croyons-nous, d'un long commentaire sur cette observation : les plaques en forme de nævi, les troubles de la circulation mammaire, la tendance aux syncopes, le thrill, avaient dû, depuis longtemps, faire écarter l'idée d'une hypertrophie mammaire, pour imposer celle d'une affection vasculaire.

(1) W. E. Image et T. G. Hake, in Medico-chirurgical Transactions, t. XXX, 1847, p. 105, avec planche.

PRONOSTIC.

Le pronostic de l'hypertrophie générale est toujours, malheureusement, trop défavorable, en ce sens qu'il entraîne une infirmité qui, une fois développée, ne saurait guérir complètement. Il est vrai, faut-il ajouter, que, dans la majorité des cas, la vie n'est pas sérieusement menacée. Nous en excepterons, toutefois, les cas de grossesse dans lesquels le processus morbide, acquérant un développement excessif et très-rapide, la nutrition générale peut s'en trouver atteinte, et la mort arriver par épuisement.

Nous avons vu dans quelques auteurs, et spécialement dans Velpeau (1), qu'on doit craindre, à une certaine époque, de voir dégénérer de pareilles tumeurs. Cruveilhier raconte aussi l'histoire d'une fille de 18 ans, très-bien constituée, dont les mamelles énormes la firent tant souffrir par leur poids, que MM. Thibaut et Thuillier, chirurgiens à l'hôpital de Limoges, se virent forcés d'en pratiquer l'extirpation, par crainte de les voir bientôt dégénérer.

Nous ne pouvons dire sur quoi s'appuie une opinion aussi décourageante. Aucune des observations que nous avons rapportées tout au long ou analysées ne peut légitimer cette manière de voir, que nous ne saurions partager. Au contraire, il est probable qu'on a opéré

(1) Velpeau, loc. cit., p. 236.

comme cancer du sein plus d'une mamelle atteinte
d'hypertrophie, et dont la marche ne fut jamais devenue celle des tumeurs malignes, au moins d'après ce
que nous avons vu de l'histologie de ces tumeurs. Déjà
Parish avait fait observer que la trop grande fermeté du
tissu de la glande mammaire pourrait être confondue
avec celle du squirrhe, dans l'affection que nous décri-
vons, et Andral cite un cas de cancer du sein qui, d'a-
près lui, n'aurait été qu'une hypertrophie du tissu cellulaire de la glande.

Le rétablissement complet est rare ; dans les cas
même les plus heureux, il y a toujours une plus ou
moins grande tendance à la récidive. Si le développement a duré longtemps et qu'il ait pris des proportions
énormes, les seins ne sauraient revenir à leur volume
primitif. La peau est fanée et ridée, et il y a un certain
degré d'épaississement et d'induration de la glande mammaire. L'influence de la menstruation est bien manifeste ; le pronostic est bien plus grave quand les règles,
étant revenues, le volume des seins continue à s'accroître.

Dans les cas de grossesse les plus heureux, après
l'accouchement, les seins diminuent jusqu'à la moitié
à peu près de leur volume primitif; d'autres fois,
l'activité imprimée par l'utérus au travail morbide
qui se fait du côté des mamelles peut entraîner une
altération dans la santé générale et produire, chez
la femme enceinte, de graves désordres qui, nous l'a-
vons déjà dit plusieurs fois, finissent quelquefois par
entraîner la mort. Le pronostic est défavorable éminemment pour le fœtus : dans les cas de ce genre, ou bien
il se produit un accouchement prématuré, ou alors l'en-

fant, venu à terme, est faible ou exsangue. Lorsque la femme a eu plusieurs accouchements successifs, les seins augmentent avec chaque accouchement, et finalement ils atteignent un volume extraordinaire qui persiste en dehors de tout état de parturition ou de grossesse.

Une circonstance fâcheuse et d'un pronostic éminemment défavorable, c'est l'amaigrissement et l'atrophie du reste du corps, quand elle marche de pair avec une hypertrophie croissante, et il n'y a plus d'espoir d'enrayer la marche rapide de cette terrible maladie, si, comme dans le cas de Skuhersky, il y a de la fièvre hectique ou de la gangrène, ou une complication quelconque de ce genre. Dans ces cas-là, l'ablation des seins hypertrophiés n'est plus une ressource, car elle devient inutile.

TRAITEMENT.

L'hypertrophie des seins est une maladie si grave,
qui se montre sous tant d'aspects divers, qu'il n'est pas
étonnant qu'on ait épuisé, pour ainsi dire, pour la combattre, toute la thérapeutique médicale et chirurgicale.

D'une façon générale, le traitement doit s'adresser,
si faire se peut, à la cause qui a entraîné l'hypertrophie, lorsque cette cause est tangible et qu'elle peut
être appréciée.

Déjà, dans les auteurs anciens, nous trouvons des
indications tracées pour le traitement des grosses mamelles. C'est ainsi que Sennert (1) conseille l'usage de
plantes (myrte, menthe) cuites dans le vin ou le
vinaigre, en applications locales. Il recommande
aussi de recouvrir les mamelles malades avec un
onguent composé de céruse, de bol d'Arménie, de
borax, de camphre, de mucilage de gomme adra-
gant, d'huile de myrte, en proportions définies
qu'il indique, mais que j'ai jugé inutile de rapporter.
Mais il rejette absolument la ciguë, la jusquiame et
autres narcotiques, parce qu'ils *affaiblissent la chaleur
naturelle et s'opposent à la fonction galactopoiétique*.

Bonet (2) va un peu plus loin et indique la compression ; mais il veut qu'elle soit faite avec des formes de

(1) Sennert. Practic. medicinæ, Liber IV. Pars III, sect. I, cap. I.
(2) Th. Boneti. Polyalthes seu Thesaurus med.-pract. Genevæ 1691
t. III, lib. V, cap. XXIX, p. 371.

plomb s'adaptant à la convexité des hémisphères mammaires et enduites d'huile de graines de jusquiame.

Dans les œuvres de Varandœus, dans la *Parthenologia* de Schurig, dans les observations médicales de Borel et de Schenk, dans les commentaires de Van Swieten sur les aphorismes de Boerhaave, on retrouve sur le sujet qui nous occupe des idées et des faits assez mal classés, il est vrai, peu digérés ; mais on rencontre encore çà et là quelques notions thérapeutiques. Il faut ajouter néanmoins que le règne des théories humorales n'était pas propre à éclairer sur l'origine de cette affection, ni à enseigner surtout les moyens de la guérir.

Lorsque l'on croit avoir affaire à une hypertrophie au début chez un sujet vigoureux, bien portant, ne présentant aucun trouble d'une des grandes fonctions de l'économie, on peut tirer un certain avantage des moyens propres à décongestionner l'organe, tels que la saignée générale au bras ou au pied (V. obs. 22), les sangsues, appliquées au creux de l'aisselle, le long des vaisseaux axillaires, les révulsifs à la peau, les dérivatifs du côté du tube intestinal. Certainement ces moyens ne peuvent nuire, mais ils n'ont jamais guéri une hypertrophie générale des seins ; aussi le praticien ne devra-t il pas insister trop longtemps sur leur emploi, et surtout il devra les éviter chez les individus pâles, débilités, arrivés à la seconde période de la maladie. Il les réservera pour la première période, au début. Peut-être y aurait-il avantage alors à employer un purgatif un peu violent, un drastique, par exemple, qui, par la perturbation violente qu'il produit et l'afflux considérable de liquide qu'il provoque vers le tube digestif pourrait avoir quelque action sur des glandes aussi augmentées de volume.

Nous n'en dirons pas autant des moyens propres à ramener les règles qui sont, selon nous, de la plus haute importance ; en effet, comme dans un certain nombre de cas, l'hypertrophie ne reconnaît pas d'autre cause que l'aménorrhée, nous croyons qu'on peut, en rappelant le flux menstruel, arrêter l'état fluxionnaire du sein, ou du moins le modérer. C'est cette indication que nous trouvons remplie dans l'observation suivante, que nous avons traduite de Borel.

Obs. XXII. — *Hypertrophie des deux seins chez une femme non menstruée ; saignée des malléoles, ventouses sur les membres inférieurs ; réapparition des menstrues ; guérison.* — Une jeune femme de 20 ans vit ses seins augmenter de volume, au point d'atteindre un poids de trente livres. Elle dut s'attacher autour du cou de petites branches flexibles qui soutenaient ses énormes mamelles.

Elle vint me demander de la guérir : ses règles n'avaient pas encore apparu. Je lui ordonnai des moyens propres à provoquer l'écoulement menstruel, tels que la *saignée des malléoles*, des ventouses sur les membres inférieurs, l'usage des eaux thermales minéralisées, les frictions sèches sur les seins ; car je connaissais la merveilleuse sympathie qui unit entre eux les seins et les écoulements menstruels, et j'agissais d'après les préceptes d'Hippocrate, qui recommande les ventouses aux mamelles pour faire venir les règles. A l'aide de ces moyens, la menstruation s'établit, et les mamelles diminuèrent de volume. J'ai rapporté cette guérison comme remarquable entre toutes ; car, ici, l'hypertrophie était telle, que la malade était prête à aller trouver un chirurgien et à se faire pratiquer l'ablation des deux mamelles (1).

Ainsi donc, nous préconisons avec ardeur tous les

(1) Petri Borelli. Historiarum et observationum Centuriæ IV. Parisiis, 1757. Cent. I, observ. 48, p. 50.

moyens propres à rétablir la menstruation lorsqu'elle a été supprimée, ou à en provoquer la venue, lorsque les malades ne sont pas encore réglées.

A cet ordre de faits nous rattachons les excitations, frictions, rubéfaction des membres inférieurs, par des ventouses, des sinapismes, des saignées, l'application de sangsues à la partie interne et supérieure des cuisses, les bains de siége très-chauds, et autres moyens.

Nous voulons parler maintenant d'une pratique conseillée par le professeur Velpeau, et qui ne nous paraît pas suffisamment justifiée, d'après le grand risque que, selon nous, elle ferait courir aux malades. Voilà comment s'exprime à ce sujet ce maître éminent :

« J'ai supposé (1) que la grossesse amènerait des résultats heureux ; l'état des mamelles se lie d'une manière si intime à l'état de la matrice, qu'il était permis de penser que le coït et la gestation deviendraient un remède contre l'hypertrophie des seins. Par malheur, il se rencontre, à ce sujet, dans la pratique, deux difficultés : 1° toutes les femmes ne sont pas en position de recevoir de semblables conseils ; 2° les femmes atteintes d'hypertrophie mammaire ne deviennent pas facilement enceintes. Deux de celles que j'ai vues, et qui se sont mariées, n'ont point eu de grossesse. Une autre a été plus heureuse à ce point de vue, mais sans qu'il en soit rien résulté d'avantageux pour sa maladie. »

Nous ne saurions accepter les conclusions ainsi posées dans ces quelques lignes. En effet, selon nous

(1) Velpeau. Loc. cit., p. 237.

Labarraque.   8

il y a dans ce passage deux erreurs. En premier lieu, les femmes affectées d'hypertrophie générale ne sont point stériles; nous avons rapporté, dans ce travail, un assez grand nombre de faits pour prouver notre manière de voir : l'observation de M. Manec (Obs. 33), nous montrera une femme, opérée des deux seins, et qui a eu plusieurs enfants après la guérison de ses plaies d'amputation. Nous voulons bien que les fonctions des seins ne s'exécutent plus; mais quand les menstrues sont régulières, les femmes conçoivent et enfantent comme d'autres, peut-être un peu prématurément; nous n'en voulons pour preuve que les observations de Boerhaave, d'Iverg, de Skuhersky, et celle que Sacaza a rapportée dans sa thèse (voy. Obs. 28).

En second lieu, nous estimons qu'une grossesse fait courir un grand risque à la femme atteinte d'hypertrophie générale, et que, loin de provoquer vers l'utérus une dérivation salutaire, cet état de congestion utérine produit au contraire sympathiquement un afflux plus considérable vers les glandes mammaires, et par suite un accroissement de volume plus rapide. Si l'on réfléchit qu'une femme, déjà affectée d'une grande gêne de la respiration par le fait du poids de ses tumeurs, verra encore se rétrécir son champ respiratoire devant le refoulement en haut du diaphragme par la tumeur utérine, on comprendra comment nous ne voudrions pas prendre sur nous de conseiller un remède qui exposerait une malade à pareil danger.

Il est un autre mode de traitement, qui a été inauguré par Fingerhuth (1), et sur lequel ce praticien

(1) Fingerhuth. Loc. cit., p. 454.

insiste avec complaisance dans son mémoire. Se fondant sur l'idée qu'en développant une sécrétion active dans la mamelle hypertrophiée, il pourrait, sinon faire cesser le mal complètement, au moins favoriser l'emploi des autres moyens, il a fait des tentatives pour provoquer artificiellement la sécrétion du lait. Il indique que le résultat de ses premiers essais lui parut diamétralement opposé à celui qu'il avait espéré; mais qu'il reconnut bientôt être dans le vrai, en voyant les seins, d'abord surexcités, décroître avec l'augmentation des fonctions de la glande.

Nous rapporterons ici deux observations qui terminent son mémoire, et qu'il donne comme preuve de la bonté de sa méthode :

Obs. XXIII. — *Hypertrophie mammaire droite : aspiration; etablissement de la sécrétion lactée; disparition de la tumeur.* (Résumée.) — E... B.., 17 ans, tuméfaction indolente de la mamelle droite depuis un an : progrès remarquable depuis deux mois. Tumeur incommode; à l'époque des règles, sensation d'oppression et de plénitude dans la mamelle affectée. Température toujours normale. On avait employé avec persévérance, mais sans succès, le mercure jusqu'à la salivation, puis l'éponge brûlée, les saignées locales, et les fomentations spiritueuses. Mais, progrès de l'hypertrophie; et, quand je vis la malade, la mamelle droite avait un volume double de celui de la gauche, encore saine. Par l'exploration, je trouvai partout la tumeur molle et sans tension, mobile, sans douleur : à un examen plus profond, elle est inégale, mais non bosselée. Au toucher, saillies manifestes assez résistantes, mais pas dures, constituées par les lobes hypertrophiés : par une forte pression, sensation désagréable pour la malade. A l'époque des règles, tuméfaction rapide, avec un sentiment de pression et de chaleur peu gênant, qui disparaissait après la cessation des règles, ainsi que l'intumescence. Veines cutanées dilatées, teinte bleuâtre de la mamelle. Couleur normale, aréole large, mamelon normal.

Malade forte et bien constituée, santé intacte. Sans grande espérance de réussir, le médecin *essaya l'iode* à l'extérieur : frictions avec une pommade à l'iodure de mercure, puis saignées locales. Aucune amélioration après vint-quatre jours de traitement. Malade fatiguée des divers traitements. Alors aspiration sur le sein : résultat nul pendant quatorze jours de suite; mais le seizième jour quelques gouttes d'un liquide aqueux, trouble, vinrent sourdre du mamelon. Augmentation de la tuméfaction, tiraillement particulier, constriction dans la mamelle, sensation de chaleur subite et passagère. Mais pas de douleur. Accroissement tel de la sécrétion lactée, que l'on applique l'aspiration deux fois par jour. Au bout de trois semaines, notable diminution; bain iodé tous les cinq jours; bandage pour soutenir la mamelle; diète végétale, exercice modéré. Ce régime fut continué pendant un mois, et la diminution continua. Les sensations indiquées disparurent peu à peu; il ne resta qu'un sentiment de plénitude quand la mamelle était remplie de lait. Bain d'iode tous les dix jours. Au bout de plusieurs semaines, la sécrétion lactée avait disparu avec l'emploi de l'eau distillée de laurier-cerise. La mamelle avait repris son volume à peu près normal, dépassait encore d'un pouce celle du côté gauche. Aréole plus foncée et plus étendue. Le palper ne faisait rien reconnaître d'anormal dans la glande mammaire.

OBS. XXIV. — *Hypertrophie mammaire droite, aspiration ; établissement de la sécrétion lactée, disparition de la tumeur.* — (Résumée). M. K..., 16 ans, délicate, pâle, bien portante, me consulta en 1833, pour une tuméfaction indolente à la mamelle droite, datant de dix-huit mois. *Compression par une balustrade dans un mouvement brusque.* Sangsues, mais augmentation de volume, et forme arrondie, remplacée par forme allongée. Aucune douleur. Deux mois de soins par un homœopathe et ses gouttes. Puis sangsues pendant trois semaines, tous les trois jours; puis, sur la prescription d'un médecin, fomentations spiritueuses et laxatifs à l'intérieur. Aucun résultat; aucun traitement jusqu'aux règles suivantes, trois semaines après. Alors, accroissement rapide de la tumeur, volume très-considérable; sensation de tiraillement et de plénitude. Chaleur fugace très-irrégulière.

Fingerhuth vit la malade à cette époque. La tuméfaction durait depuis dix-huit mois et jusqu'alors sans grande gêne. Mamelle malade, deux fois plus considérable que la mamelle saine. Santé générale bonne; règles depuis deux mois, peu abondantes et irrégulières. Caractère éminemment irritable de la malade. Régime doux, bains iodés deux fois par semaine. Au bout de quinze jours, un peu de calme et l'on employa l'aspiration : la secrétion du lait s'établit au bout de trois semaines. Bains iodés, exercice modéré, diète végétale. Au bout de sept semaines, grande diminution, et après onze semaines, on suspendit la sécrétion du lait, en recommandant d'éviter avec un soin tout particulier, toute pression, toute cause d'excitation de la partie affectée. La mamelle droite était encore un peu plus grosse que la gauche; mais, ni le temps, ni une seconde aspiration, ne purent la ramener entièrement à son volume primitif.

Nous ne connaissons pas d'autre exemple de cette médication assez bizarre, mais rationnelle du reste; il faudrait certes un plus grand nombre de faits pour baser une opinion. Remarquons cependant que Fingerhuth paraît avoir eu affaire, en somme, à des cas bénins; car les cas d'hypertrophie générale d'une seule mamelle nous semblent comporter un pronostic moins grave que ceux d'hypertrophie portant sur les deux seins. Quoi qu'il en soit, cette méthode de traitement n'est pas compromettante; nous ne voyons aucun inconvénient à ce qu'elle soit essayée avec prudence.

L'emploi de l'iode est une transition entre le traitement médical et le traitement purement chirurgical : en effet, il peut être topique aussi bien qu'intérieur. C'est pourtant sur ce dernier qu'on avait fondé les plus grandes espérances : d'une part, les travaux de Lugol sur l'administration de l'iode dans la scrofule avaient fait espérer, à ceux qui reconnaissent comme cause à notre maladie la diathèse scrofuleuse, une issue favorable de l'usage des préparations iodées; d'un autre côté, l'action élective de l'iode sur les glandes et les travaux de Coindet (de Genève), avaient signalé la diminution probable de la glande mammaire par l'iode et ses composés. Il n'en a rien été, et il faut bien reconnaître aujourd'hui que, le plus souvent, l'iode échoue dans le traitement de l'hypertrophie mammaire (Voy. les deux observations précédentes).

Sous quelle forme et à quelles doses doit-on administrer l'iode contre l'hypertrophie mammaire, et quels sont les résultats qu'on se propose d'obtenir?

On peut administrer, avons-nous dit, l'iode à l'intérieur sous plusieurs formes, ou à l'extérieur sous forme de pommades. A l'intérieur on donne l'iode en nature ou la teinture d'iode, l'iodure de fer en sirop, ou l'iodure de potassium en solution.

L'iode en nature ou la teinture d'iode se donnent à doses faibles ou à doses élevées, généralement dans une potion à absorber pendant les vingt-quatre heures. Le premier mode d'administration était celui de Lugol, qui a obtenu de si beaux succès dans le traitement de la scrofule. Doses très-faibles, à peine quelques milligrammes par jour, usage très-longtemps continué, telles étaient les règles de sa méthode.

Depuis lors, on a forcé les doses, mais sans obtenir un meilleur resultat. Mais, si les doses minimes réussissent bien dans la diathèse scrofuleuse, il est des cas où des doses plus élevees de teinture d'iode peuvent avoir leur utilité dans le traitement de l'hypertrophie générale.

C'est ainsi que j'ai vu le professeur Hardy donner

d'emblée 20 gouttes, puis 30 gouttes de teinture d'iode par jour à une jeune fille affectée d'hypertrophie, ainsi que je le rapporterai plus loin dans une observation personnelle, inédite (Voy. obs. 31).

Ici l'effet produit n'est plus le même ; à haute dose, l'iode n'agit point sur la glande pour l'empêcher de s'accroître ; mais il agit sur l'économie entière et produit de l'amaigrissement : le tissu cellulaire de la région mammaire disparait, et réllement la tumeur diminue de volume ; mais elle tend à se porter en bas, et par suite à se pédiculiser. On voit donc que, même administré à hautes doses, l'iode peut rendre de grands services, puisqu'il peut aider à passer de la première à la seconde période, propriété importante pour le chirurgien. Il est bien entendu que l'iode ne sera continué qu'autant qu'il sera bien supporté et qu'on devra le supprimer quand il aura entraîné un amaigrissement trop considérable, ou cette éruption particulière du visage, de la poitrine et du dos, connue sous le nom d'acné iodique, et qui indique que l'économie est saturée par le médicament.

Topiquement, les pommades les plus employées sont celles où il entre des iodures de mercure et de potassium ou l'iodhydrate de potasse. Nous rapportons ici une observation où le Dr Delfis s'est bien trouvé de la pommade à l'iodhydrate de potasse : il est vrai que c'était chez une femme probablement scrofuleuse.

Obs. XXV. — *Hypertrophie des mamelles, traitée par la pommade à l'iodhydrate de potasse, diminution notable.* — X..., agée de 30 ans, bien constituée et d'un *tempérament lymphatique* me consulta dans l'année 1821, pour une affection vénérienne dont elle était atteinte. L'usage des frictions avec l'onguent mercuriel et des bains lui procurèrent bientôt la santé.

Deux ans après, elle me consulta de nouveau pour une pareille maladie, et pour ses mamelles qui grossissaient. J'observai, en effet, qu'elles étaient trois fois plus volumineuses que dans l'état naturel; je remarquai, en outre, des symptômes syphilitiques très-intenses et une sueur continuelle qui durait depuis un mois. La liqueur de Van-Swieten lui fut prescrite; la tisane de gomme arabique et la limonade végétale devaient être sa boisson habituelle. Je lui permettais un peu de bouillon et de lait pour toute nourriture; les symptômes vénériens diminués me faisaient espérer une guérison prochaine; mais les mamelles augmentaient toujours de volume. Pour obvier à ce phénomène, que je croyais être produit par la syphilis, je fis frictionner la partie interne des bras avec un gros (environ 4 gr.) d'onguent mercuriel tous les deux jours; j'employai une once (30 gr.) de cet onguent, et, comme la malade ne suait plus, elle prenait des bains dans les intervalles des frictions.

Bien loin de diminuer, les mamelles acquirent un volume si considérable, que je fus porté à les dessiner pour la rareté du fait. La malade était assise; les mamelles reposaient sur ses cuisses, et elles se joignaient derrière le dos; *les mamelons étaient comme des œufs de poule;* cette expansion considérable n'avait altéré ni la souplesse, ni la couleur de la peau, et du reste la malade n'éprouvait aucune douleur.

A mon insu, un chirurgien avait poussé le bistouri bien profondément dans cette masse, dans l'espoir d'en retirer du pus, mais il n'obtint que quelques gouttes de sang. La patiente m'avoua *qu'elle n'avait presque pas ressenti cette opération.* J'allais oublier de dire qu'elle me confia qu'à cette époque elle avait avorté d'un fœtus de cinq à six mois.

Ayant vu de bons effets de la pommade avec l'iodhydrate de potasse contre les goîtres, et me rappelant que M. Coindet avait présumé que l'iode pouvait être utile contre les engorgements appelés syphilitiques (j'ai vu, depuis, que M. Biett avait prouvé par des expériences que ce soupçon était fondé), je soumis cette affection au même traitement que les goîtres. En conséquence, je prescrivis des frictions avec une demi-once de la pommade mentionnée; chaque fois on employait aussi des fomentations émollientes.

Aucun accident n'ayant entravé ce traitement, il fut continué pendant un mois et demi. Après ce laps de temps, les mamelles étaient bien moins volumineuses. Encouragé par un pareil succès, après quinze jours de repos, je fis continuer l'usage de la pommade pendant trois mois, en répétant plus rarement les frictions, car autrement la malade se plaignait d'un mal de tête violent.

Cette fille, en ce moment, se livre aux travaux pénibles de la campagne, ce qui suppose de la santé. Ses mamelles sont seulement deux fois plus grosses que dans l'état naturel, et beaucoup plus flasques comme on peut se l'imaginer (1).

Nous allons aborder maintenant la thérapeutique purement chirurgicale, et nous y décrirons successivement la compression, les scarifications et incisions, et enfin l'amputation de l'une des mamelles ou de toutes les deux.

La compression bien faite a paru utile dans certains cas; c'est ainsi que nous l'entendons, du reste, et nous croyons que, pour en retirer un bon effet, elle doit être faite aussi exactement possible, c'est-à-dire égale sur tous les points de la surface mammaire et la comprimer sans l'étrangler. Récamier le premier avait tenté méthodiquement de réduire les tumeurs des mamelles par la compression prolongée, et l'on trouve dans un mémoire de M. Masson de Kerloy (2) les indications nécessaires et quelques faits rapportés en détail. Il faut avouer que c'était surtout pour les tumeurs de mauvaise nature que Récamier avait institué cette pratique; mais comme elle peut rendre service dans des cas d'hypertrophie mammaire, nous ne devons pas la

(1) Delfis. In Journal de Physiologie de Magendie, t. V, 1825, p. 396.
(2) Masson de Kerloy. In Revue méd. française et étrangère. Paris, juin 1831.

rejeter sans l'avoir au moins expérimentée pendant quelque temps.

Nous empruntons à l'ouvrage de Velpeau l'observation que voici, et qui a été recueillie sur l'un de ses internes, M. Deville ; elle montre les résultats auxquels on peut arriver par une compression soignée, quand on prend un cas suffisammeut rapproché de son début :

Obs. XXVI. — *Hypertrophie générale du sein droit ; amélioration notable par la compression et le traitement iodé à l'intérieur.* — H...., 17 ans, fleuriste, assez bien portante, bien réglée depuis l'âge de douze ans ; n'a jamais eu de maladies sérieuses ; *tempérament lymphatique ;* n'a jamais été enceinte, quoiqu'elle s'y soit exposée Il y a un an, quatre mois après avoir reçu sur le sein droit *un coup de coude peu violent,* qui ne lui fit mal que sur l'instant, cette femme s'est aperçue que son sein devenait volumineux, sans être ni douloureux, ni dur. Depuis lors, de grosses veines se sont montrées à sa surface. C'est dans toute son épaisseur, mais surtout vers son côté externe, qu'il a augmenté de volume. La malade ne s'est jamais traitée ; elle a tout simplement augmenté l'échancrure correspondante de son corset.

28 août 1844 au soir. Le sein droit, fortement tuméfié dans toute son épaisseur, mais surtout dans sa partie externe, offre ainsi une circonférence de 52 centimètres à sa base, une zone de 31 centimètres, une longueur de 13 centimètres, une largeur en travers de 16 centimètres, et une épaisseur de 7 à 8 centimètres environ. Sa consistance est molle, parsemée de lobules glanduleux, durs, mais pas plus volumineux que normalement, en nombre bien plus grand qu'à gauche, et pas plus dispersés. La circonférence du sein gauche, qui est parfaitement conformé, est de 37 centimètres, et sa largeur de 13 centimètres. Le nombre des lobules paraît aussi s'être agrandi, puisqu'ils ne sont pas plus épars qu'à gauche, par suite de leur nombre. Tandis que le sein gauche reste ferme et bien posé, le sein droit est pendant et un peu flasque.

La pression, du reste, n'y détermine aucune douleur, et jamais la malade n'en souffre. L'aréole à droite se trouve aplatie sur la surface de la tumeur, tandis qu'à gauche elle forme un vrai mamelon à bords élevés au-dessus du reste du sein, d'environ 12 à 13 millimètres, d'une teinte brunâtre claire. La peau du sein, intacte, sans adhérence, ni amincissement notable, est parcourue par de nombreuses veines dilatées, dont quelques-unes ont le volume de plumes de corbeau, et l'une, assez longue, a le volume d'une plume ordinaire.

Le 29. 1 gramme d'iodure de potassium par jour ; compression avec l'amadou.

Le 31. Circonférence, 49 centimètres ; zone, 30 centimètres. Renouvellement de la compression.

2 septembre. La malade tousse toujours un peu ; mais elle ne crache plus de sang. Son appareil compressif ne la fatigue pas du tout.

Le 4. On enlève l'appareil compressif ; diminution bien notable. Pourtour, 45 ; zone, 27.50. La malade veut s'en aller ; elle continuera chez elle le même traitement (1).

Nous voyons, dans cette observation, la compression employée concurremment avec la teinture d'iode chez une femme lymphatique, dit M. Deville. Peut-être l'administration du traitement interne n'a-t-elle pas été sans influence sur l'amélioration attribuée au traitement chirurgical.

Dans l'observation suivante, que M. le professeur Richet a bien voulu nous communiquer, la compression seule a été employée, et aujourd'hui que nous possédons avec le caoutchouc un moyen de contention bien plus perfectionné que ceux d'autrefois, c'est la bande élastique qu'il convient d'employer de la façon suivante :

Obs. XXII. *Hypertrophie générale du sein gauche. Compression avec la ouate et la bande de caoutchouc ; diminution* (Inédite). — Fille de 26 ans, bien portante, grasse et rondelette ; elle fait remonter sa

(1) Deville. In Velpeau, Traité des maladies du sein, etc. p. 234.

maladie à l'âge de 14 ans ; elle prétend que le sein gauche a commencé à se développer à ce moment; elle se réglait. Depuis il s'est accru lentement, mais progressivement ; le droit est resté stationnaire. Elle a été bien réglée depuis; mais *ses époques avancent de quelques jours; et la perte de sang est assez abondante.* Elle n'a pas eu d'enfant. Du reste, elle est bien portante, et elle déclare ne pas souffrir ; mais sa tumeur la gêne horriblement, et elle se plaint de tiraillements dans le dos.

Etat actuel, en 1872. — Sein droit triple du gauche, allongé et pendant jusqu'à l'ombilic. Veines volumineuses. Rien d'ailleurs qui ne soit normal dans le mamelon et l'aréole. La palpation permet de reconnaître que le tissu glandulaire est notablement hypertrophié ; mais le tissu sous-cutané est plutôt amoindri. Les lobules sont durs, non douloureux; on ne sait si c'est la glande qui est prise, ou le tissu intermédiaire. De plus, cette femme porte deux lipômes, l'un ombilical, diffus, de la grosseur d'une orange, l'autre sous-mammaire droit, circonscrit, plus petit.

Etat général excellent : ne laisse rien à désirer. Cette jeune fille prétend qu'elle veut être soulagée, parce que cette tumeur lui donne des douleurs dans le dos, le cou, la poitrine, et qu'elle ne peut vivre avec cette incommodité.

Ainsi, augmentation de volume du sein gauche, qui a acquis trois fois la grosseur du droit, lequel est déjà fort gros, lobules de la glande augmentés de volume, pas de douleurs : on a donc bien affaire à une hypertrophie mammaire.

La compression est pratiquée avec soin par M. Pinard, interne du service, au moyen de la ouate et d'une bande de caoutchouc. Au bout de six semaines, on enlève l'appareil, le sein a diminué de plusieurs centimètres ; la malade, fort satisfaite, ne songe aucunement à réclamer l'intervention chirurgicale. On lui fait faire par M. Collin, l'habile fabricant d'instruments de chirurgie, un corset élastique compresseur, et elle quitte l'Hôtel-Dieu, où elle n'a pas reparu depuis plus de deux ans, ce qui permet d'espérer que ses seins n'ont pas continué à s'accroître.

Un autre moyen dans lequel nous aurions beaucoup moins de confiance, il faut l'avouer, c'est la pratique des incisions et des scarifications sur les mamelles hypertrophiées. Nous craindrions de voir, par ces ouvertures, sortir des champignons de tissu mammaire comme le fait a été noté une fois (voy. obs. 30). Et pourtant nous avons trouvé la relation d'un fait où des scarifications ont paru améliorer une femme atteinte d'hypertrophie des seins ; c'était, il est vrai, pendant la grossesse. Cette observation, évidemment allemande, est rapportée sans nom d'auteur, dans la thèse de M. Sacaza ; la voici :

Obs. XXVIII. *Hypertrophie des deux seins ; plusieurs grossesses. Scarifications. Amélioration.* — Une femme de 29 ans, d'une constitution faible et délicate, pâle, pauvre et mal nourrie, avait naturellement les seins gros et d'une grande mollesse ; elle jouissait d'ailleurs d'une bonne santé. A 16 ans, apparition des règles ; à 25 ans, elle devint enceinte, et sa grossesse ne présente rien de remarquable ; elle accoucha heureusement, et si l'on excepte la lactation qui ne put se faire, les suites de couches se passèrent bien. Les seins devinrent alors remarquablement volumineux. Deux ans après, seconde grossesse pendant laquelle les seins, et surtout le gauche, augmentent considérablement. La malade entra à l'hôpital clinique de Berlin le 19 janvier 1827. Le poids de ses seins était alors tel que la malade pouvait à peine le supporter. Les mamelles étaient également dures au toucher ; la pression n'y déterminait aucune douleur ; mais la malade éprouvait quelquefois une douleur subite et passagère qu'elle comparait à une piqûre. La coloration des téguments était naturelle.

Vers le huitième mois de la grossesse, le 15 mars 1827, elle accoucha d'un enfant mort ; dès lors, le volume anormal des mamelles disparut en partie, surtout pour la gauche, ainsi que les douleurs. Cependant il survint un œdème qui occupait les extrémités inférieures et même la peau de l'abdomen. Le matin, il y avait aussi du gonflement de la face et des mains. La malade garda le lit ; elle se plaignit de fréquentes horripilations alternant avec de la chaleur ; anorexie, vertiges, lassitude. Ces symptômes cé-

dèrent à un traitement convenable ; la mamelle gauche présentait
alors une *fluctuation si marquée* que le sein semblait être un sac
rempli d'eau. La mamelle droite avait, au contraire, sensiblement
diminué de volume. Des *scarifications* furent pratiquées, le
13 avril sur le sein gauche, elles donnèrent issue à une grande
quantité de sérosité ; le sein fut réduit à un tiers du volume qu'il
avait auparavant et continua à diminuer de volume. Au bout de
quelques jours, les forces reviennent, et enfin la femme peut
vaquer à ses occupations, en soutenant les mamelles avec un bandage. Elle sortit de l'Institut polyclinique à la fin de mai.

Au commencement d'août 1828, elle devint enceinte pour la
troisième fois, les seins reprennent de nouveau un volume considérable, de sorte qu'au commencement d'avril suivant, le volume
des mamelles était porté à un tel point, et les téguments si fortement tendus, qu'on devait craindre une rupture de la peau. A
cette époque, les dimensions de la tumeur avaient acquis des proportions doubles de celles qu'on avait observées jusqu'alors : les
seins couvraient l'abdomen et en cachaient la saillie.

Dans les derniers temps de la gestation, le poids de la mamelle
gauche pouvait être évalué à 20 livres ; la chaleur était augmentée,
les veines gonflées et distendues. Le 1er mai 1829, la malade accoucha heureusement d'une fille bien constituée ; les suites de
couches se passèrent bien ; quelques légers symptômes fébriles
survinrent ; un abcès de l'aisselle, qui fut ouvert, donna issue à une
grande quantité d'une humeur épaisse, blanche, semblable à du
lait, et cette ouverture soulagea beaucoup la malade. Au 30 juin,
les mamelles ont diminué de volume ; toutes les douleurs ont
disparu, à l'exception d'une sensation obtuse qui existe dans les
points où l'incision a été faite au creux de l'aisselle (1).

Nous voici arrivé au point culminant de ce travail ;
nous voulons dire au moment où, tous les autres moyens
ayant échoué, le médecin se voit dans la nécessité de
recourir à une opération sanglante pour débarrasser

(1) Roberto Sacaza. Des tumeurs du sein au point de vue du diagnostic différentiel et du traitement. Thèse de Paris, 1867.

l'économie d'une aussi grande cause d'affaiblissement.

Ici se posent deux questions : à quelle période convient-il d'opérer ? Doit-on pratiquer l'ablation d'un seul sein ou des deux ?

Il est hors de doute que ce n'est pas à la première période que l'on songera à enlever des mamelles un peu fortes, il est vrai, et globuleuses, quand on a encore à sa disposition un si grand nombre de moyens de traitement. Ce n'est que quand le sein est devenu flasque et pendant, qu'il y a lieu de penser à une amputation, si l'accroissement du volume tend à continuer. « Tant que l'hypertrophie des mamelles (1), dit M. Robert, n'a pas atteint un degré capable de gêner gravement les malades par son volume ou son poids et de porter atteinte à la nutrition, il serait téméraire de vouloir les en débarrasser par une opération. Mais l'opération devient une nécessité, quand une malheureuse femme se trouve condamnée à un repos forcé ou quand elle est condamnée à succomber dans l'épuisement. »

Je dirai plus : dans ces cas, un chirurgien consciencieux ne saurait se soustraire à une opération sanglante : il n'a pas plus le droit de se refuser aux sollicitations d'une malade qui le prie de la débarrasser d'une gêne aussi considérable, que de ne pas enlever un lipôme de la même région : les risques sont les mêmes, et l'amputation n'est pas plus une opération de complaisance dans ce cas là que dans celui-ci.

C'est alors qu'il convient de recourir, comme nous l'avons dit plus haut, à l'administration de l'iode à

(1) Robert. Rapport à l'Académie, sur l'observation de Bouyer, etc. In Bulletins de l'Académie de médecine, t. XVI, p. 758, 1850-51.

haute dose, afin de hâter la pédiculisation de la tumeur. On facilite ainsi l'exploration de la tumeur à la main, la recherche des vaisseaux au travers du pédicule, et enfin l'opération elle-même, puisque l'on a ainsi presque isolé la glande des parois thoraciques.

Lorsque l'intervention chirurgicale a été résolue, elle doit porter sur le sein le plus volumineux, ou, s'ils sont égaux, sur celui dont le développement a paru le plus rapide.

Il y a deux raisons à ce précepte de ne pas enlever à la fois les deux tumeurs ; d'abord, en général, ces opérations sont longues et laborieuses, et il est préférable de remettre la seconde à une autre fois que de la pratiquer étant déjà fatigué, outre qu'on évite à l'opérée une seconde perte de sang immédiate et une plus longue chloroformisation. De plus, nous avons trouvé, dans certains auteurs, Hey, M. R. Marjolin et Robert l'idée que l'opération, pratiquée sur un des seins, fait éprouver à l'autre un retrait considérable : il pourrait arriver alors que la seconde mamelle s'atrophiât et reprît des dimensions compatibles avec l'exercice des fonctions de nutrition et de locomotion.

Nous ne saurions trop recommander ici une manœuvre bien simple avant l'opération, et que nous n'avons trouvée indiquée que dans un seul cas (voy. obs. 19), c'est de soulever fortement la mamelle et de la maintenir dans cette position quelques minutes, afin de chasser autant que possible le sang qu'elle contient.

Les deux observations que nous rapportons ci-après montrent deux amputations par le bistouri ; nous en verrons plus loin un exemple par le couteau galvanique.

Obs. XXIX. — *Hypertrophie générale des deux seins, amputation au sein gauche; diminution du sein droit.* — M. B..., 14 ans, admise le 7 Juin 1787 à l'infirmerie générale de Leeds pour une hypertrophie énorme des deux mamelles. Ces organes, chez elle, avaient toujours été plus gros qu'ils ne le sont d'ordinaire. La malade est délicate, mais elle toujours joui jusqu'alors d'une bonne santé. Elle fut réglée à 12 ans et demi; à la suite d'une imprudence (lavage des pieds à l'eau froide pendant une période menstruelle), les règles se supprimèrent, et elles n'avaient point reparu depuis lors quand elle entra à l'infirmerie.

Nous essayâmes, par tous les moyens possibles, de ramener l'évacuation menstruelle, dans l'idée que l'hypertrophie mammaire tenait à cette rétention ; mais nous ne pûmes réussir, et les seins continuèrent à augmenter de volume.

Son état était alors véritablement lamentable. Le volume des seins était si considérable, qu'elle ne pouvait se tenir droite et que sa colonne vertébrale s'était inclinée en avant. Pour se soustraire aux tiraillements que lui faisait éprouver le poids de ces tumeurs, elle restait au lit ou se tenait assise, les seins appuyés sur ses genoux.

Il nous sembla alors que le seul traitement à suivre était l'amputation. Après consultation, nous résolûmes de pratiquer l'ablation de la mamelle gauche, qui était la plus grosse, et d'attendre les résultats de cette opération.

Les mamelles semblaient parfaitement saines, sauf en ce qui concerne l'hypertrophie; leur poids les avait tant écartées des muscles pectoraux, qu'on pouvait, avec les doigts réunis, passer en arrière des deux glandes mammaires; celles-ci donnaient la sensation de gros grains glandulaires assemblés. Aucune difficulté, aucun ennui pendant l'opération, tant les mamelles étaient pendantes. Je laissai un lambeau considérable des téguments pour recouvrir la place qu'occupait le sein, et ma malade guérit complètement. Le sein amputé pesait 11 livres 4 onces, avoir-du-pois (5 kilog. 102 gr.).

L'opération fut suivie d'un succès qui dépassa mes espérances. La menstruation reparut et se régularisa. Bientôt le sein du côté droit commença à diminuer, pendant un accès de fièvre qu'elle eut;

six mois environ après sa sortie de l'infirmerie, il diminua encore d'une façon considérable.

A l'époque actuelle (1802), c'est-à-dire quinze ans après l'opération, c'est une belle jeune femme de 29 ans; le sein droit est encore un peu plus gros qu'il ne devrait .être, mais il n'est pas la moitié aussi gros qu'avant l'amputation du sein gauche. Les téguments qui recouvrent le sein droit sont pendants et flétris; la glande elle-même ne donne pas la sensation du tissu glandulaire compact, mais bien plutôt de la réunion de plusieurs glandes. L'incurvation de la colonne vertébrale continue, mais la malade est plus robuste qu'autrefois (1).

Obs. XXX. — *Hypertrophie des mamelles; amputation de la droite; diminution de la gauche.* — Dans les premiers jours du mois d'avril de cette année, dit M. R. Marjolin dans une communication faite, en séance à la société de chirurgie, le 7 octobre 1868, on m'amena une jeune fille de quinze ans et demi, de petite taille, *non réglée*, présentant l'aspect d'une bonne constitution, bien que son père et sa mère aient succombé à une affection de poitrine. Depuis quelque temps, les personnes qui en étaient chargées avaient cru s'apercevoir que le sein droit avait pris un développement anormal. Lorsque cette jeune fille me fut présentée, je fus frappé du volume extraordinaire que les seins, surtout le droit, avaient pris; jamais il n'y avait eu de douleur. Il serait difficile de dire, même approximativement, quel volume avait atteint la glande mammaire; mais, après un examen attentif, je pensai qu'il s'agissait de l'affection assez rare, décrite par Astley Cooper et Velpeau, et désignée par ce dernier auteur sous le nom d'hypertrophie diffuse de la mamelle. A cette époque, le sein droit était déjà un peu pendant sur la poitrine, les veines peu développées. La configuration du mamelon était normale; nulle part on ne sentait d'induration partielle. La consistance générale du sein était plutôt molle; la pression ne déterminait aucune douleur.

Le développement du sein avait marché très-rapidement, et, d'après cela, je fis part de mes craintes sur la terminaison de l'af-

(1) W. Hey. Pratical observations in Surgery, 2e édition. London, 1810, p. 500.

fection ; j'annonçai de suite que si, malgré l'infl uence d'un traitement externe et interne, le volume du sein continuait à s'accroître, il faudrait recourir tôt ou tard à une opération.

J'avais vu la jeune fille opérée et présentée il y a plusieurs années par M. Manec à l'Académie, et bien que le volume actuel des des deux seins de ma malade fût bien loin d'égaler celui de la sienne, je pensai qu'il n'y avait pas de temps à perdre, et, de suite, je lui fis prendre à l'intérieur des préparations iodées ; des frictions avec la pommade à l'iodure de potassium furent faites sur les deux seins, et je comprimai de mon mieux tout le thorax avec une bande de flanelle.

Ce traitement, suivi avec beaucoup de soin jusqu'au mois de juin, n'amena aucun résultat, et même le volume du sein gauche commença à croître assez rapidement. De plus, des deux côtés, et surtout à droite, le poids des seins augmentant, il se forma une sorte de pédicule à la base de la tumeur. A cette époque, un nouveau changement s'était opéré, le système veineux avait pris plus de développement, et le mamelon s'était complètement effacé : on ne le distinguait que par une tache brunâtre sans aucune dépression, sans suintement d'aucune espèce. Du côté droit, la circonférence du sein, au niveau du pédicule, donnait 44 centimètres, et la saillie totale du sein, 26 centimètres ; à gauche, la circonférence du pédicule était de 35 centimètres.

Voyant que, malgré un traitement régulier, il n'y avait aucune amélioration, j'engageai la malade à aller prendre des bains de mer, sans discontinuer à l'intérieur les préparations iodées et la boisson de l'eau de mer. Elle prit des bains pendant six semaines, et, à son retour, je constatai que, si le volume du sein gauche était resté stationnaire, celui du sein droit s'était considérablement accru ; ainsi la circonférence de ce sein, au niveau du pédicule, était de 47 centimètres, et la circonférence, un peu au-dessus, c'est-à-dire à la base véritable de la glande mammaire, était de 53 centimètres. De plus, sur deux points, la peau s'était excoriée, comme si on avait appliqué un petit vésicatoire d'un centimètre de diamètre.

J'engageai la malade à revenir promptement, car l'opération devenait de plus en plus indiquée. Quinze jours environ s'écoulèrent, et pendant cette courte période, au niveau du point où la peau était excoriée, une partie de la glande mammaire avait fait hernie et formait un champignon mou, douloureux, ne donnant aucun écoulement de sang ou de sanie. Je pressai la malade de se laisser opérer, et l'ablation du sein fut pratiquée le 6 octobre.

Il n'y avait jamais eu d'engorgement dans l'aisselle.

Le sein que je soumets à votre examen présente partout, même au niveau de la portion herniée et ulcérée, l'aspect d'une glande mammaire hypertrophiée.

Le poids de la tumeur était de 1,510 grammes. Depuis l'époque de l'opération, il n'est survenu aucun accident. La malade se sent soulagée de n'avoir plus à porter cette énorme et gênante difformité ; la plaie a un très-bon aspect, et tout semble présager une prompte guérison.

L'examen de la tumeur, fait par M. Saison, interne très-instruit et habitué aux recherches micrographiques, semble prouver qu'il s'agit, dans ce cas, d'une véritable hypertrophie du tissu de la glande mammaire (1).

L'emploi du couteau galvanique peut, dans certains cas, présenter quelques avantages, bien que, pour un chirurgien expérimenté, rien ne soit au dessus du bistouri ordinaire. En effet, lorsque l'on aura affaire à une tumeur très-volumineuse, sillonnée de nombreux vaisseaux, qui pourraient faire redouter une hémorrhagie, ou lorsque la malade est faible, pâle, anémiée, l'usage d'un instrument qui pourra supprimer l'effusion du sang sera certainement indiqué. Mais, à coté des avantages du couteau galvanique, je dois aussi mettre en parallèle ses inconvénients : la perte de temps qu'il entraîne est très-grande ; une opération par le couteau galvanique ne saurait durer moins d'une heure, et cette longue durée n'est pas seulement gênante pour le chi-

(1) R. Marjolin. In Bulletins de la Société de chirurgie de Paris, 2ᵉ série, t. IX, p. 342, 1868.

rurgien, elle peut aussi causer des accidents à l'opérée qu'on doit toujours maintenir sous l'influence du chloroforme. La lenteur même avec laquelle il faut procéder exige une énorme dépense d'électricité chimique, ce qui entraîne bien vite de l'irrégularité dans le passage du courant; la chaleur du couteau diminue, et l'on peut être forcé de terminer autrement l'opération, quand la pile ne fournit plus assez de chaleur pour maintenir le couteau au rouge sombre. Enfin, avec des surfaces ressemblant à des brûlures et recouvertes d'une multitude de petites eschares, il est impossible d'affronter les lambeaux et de tenter une réunion par première intention.

Quoi qu'il en soit de ces objections, nous allons rapporter un cas d'amputation du sein, commencée par le couteau galvanique et terminée par le bistouri :

Obs. XXXI. *Hypertrophie des deux seins; iode, compression, sans résultat; amputation du sein droit avec le couteau galvanique.* (Personnelle.) — E. B..., âgé de 15 ans, est entrée le 16 octobre 1874, à l'hôpital Saint-Louis, salle Saint-Jean, n° 73, service de M. le professeur Hardy, pour s'y faire traiter d'une augmentation de volume très-considérable des seins.

Elle n'est réglée que depuis un an, c'est-à-dire depuis l'âge de quatorze ans : l'établissement de la menstruation s'est fait facilement, et cette fonction s'est accomplie normalement pendant six mois; mais le septième mois, c'est-à-dire environ six mois avant son entrée à l'hôpital, sans cause connue, *ses règles se sont supprimées*, et c'est à partir de ce moment que ses seins ont commencé à prendre de l'accroissement. Le mois suivant, les règles ont reparu, en plus grande abondance et se sont continuées depuis avec régularité; elles durent de trois à douze jours; la quantité de sang est ordinaire; comme toujours, il y a, pendant ce temps, une légère indisposition. Je dois noter ici que cette fille n'est plus vierge; elle ne dissimule pas, du reste, qu'elle ait eu des rapports sexuels.

Malgré la réapparition des menstrues, les seins ont continué à s'accroître, et pendant le mois qui a précédé l'entrée de la malade à l'hôpital Saint-Louis, cette augmentation de volume a semblé beaucoup plus rapide; depuis quelques jours, au contraire, elle a paru se ralentir.

Etat général satisfaisant; pas de maladies antérieures, pas d'antécédents de famille. Bonnes conditions hygiéniques; a habité les dix premières années de sa vie à la campagne, dans un pays sain, loin des marécages; habite Paris depuis cinq ans, mais dans d'assez mauvaises conditions, paraît-il, sous le rapport du froid et de l'humidité.

Le sein droit a été le premier à prendre du volume; ce n'est que quelque temps après que le sein gauche a fait de même. Actuellement, ils ont atteint de fortes dimensions; mais le droit est resté un peu plus volumineux. Mesurée au niveau de sa base et à sa partie moyenne, la mamelle droite a offert en ces deux points une circonférence de 59 centimètres, et la distance du mamelon à la fourchette sternale, la malade étant couchée sur le dos, horizontalement, est de 30 centimètres.

Prises de la même façon, les dimensions du sein gauche sont les suivantes : circonférence à la base, 52 centimètres; distance du mamelon à la fourchette sternale, 27 centimètres. Le sein droit affecte plutôt une apparence un peu allongée et pyriforme; quant au gauche, il est encore parfaitement globuleux.

La consistance est assez ferme, un peu dure, et par la palpation on perçoit facilement des lobules glandulaires augmentés de volume, séparés les uns des autres par une assez grande quantité de tissu cellulaires : on ne perçoit aucune espèce de sensation de fluctuation.

Le mamelon est aplati, sa saillie a presque disparu : il s'est élargi et l'aréole est plus étendue. La peau qui recouvre cette dernière est épaissie et plissée. Le tégument cutané qui entoure les mamelles est tendu, ce qui augmente la consistance de la tumeur; il est sillonné de grosses veines bleuâtres. Sur le sein droit, cette peau offre une couleur rouge uniforme, surtout à la partie antérieure ; cette coloration disparaît avec la pression, mais reparaît aussitôt qu'on retire le doigt ; elle tient évidemment à la déclivité de l'organe et à la gêne de la circulation en retour. La peau n'est pas excoriée et n'a pas de tendance à le devenir.

Les mamelles ne sont pas douloureuses spontanément ; elles gênent seulement par leur grand poids. Il y a, de temps à autre, de vifs élancements, qui, au dire de la malade, ont été plus violents au début. Ces élancements et la douleur que l'on provoque en pressant sur la glande s'irradient parfois le long des bras, surtout à droite. Le bras droit se fatigue aussi plus facilement que le bras gauche. *Rien dans les ganglions axillaires.*

Le poids des mamelles n'est pas sans entraîner aussi quelques troubles fonctionnels ; la malade se plaint d'un peu de gêne pour respirer, surtout quand elle est debout ; elle ne saurait se livrer á une marche un peu prolongée ni à un exercice quelque peu violent sans être vite fatiguée.

Après examen de la mamelle, et interrogatoire de la malade, on pose le diagnostic : hypertrophie générale des deux glandes mammaires, ayant coïncidé avec la suppression des règles et ayant continué après la réapparitition des menstrues.

Le traitement institué consiste dans l'administration, à l'intérieur, de vingt gouttes de teinture d'iode dans une potion pendant les vingt-quatre heures : le sein est soutenu au moyen d'nn bandage médiocrement serré, dans le but de soulager un peu la malade. Le traitement iodé, conseillé dans ce cas, devait obvier à deux indications : l'action élective de l'iode sur les glandes, d'une part, et la supposition d'une diathèse strumeuse non apparente chez notre malade d'autre part.

Le 24 octobre, les seins sont mesurés de nouveau, et l'on ne trouve aucune diminution ; mais il y a un changement dans la consistance, dont la densité est moins considérable.

30. On porte la dose journalière de teinture d'iode de vingt à trente gouttes ; un bain sulfureux trois fois par semaine. La mensuration donne les chiffres suivants :

Sein droit. — Circonférence à la base, 57 centimères.

Longueur du mamelon à la fourchette sternale, 29 centimètres.

— 124 —

Sein gauche. — Circonférence...... 52 centimètres.

Longueur, etc...... 27 —

Le 6 novembre, on trouve les mesures que voici :

	Sein droit.	*Sein gauche.*
Circonférence,	55 cent.	51 cent.
Longueur,	31	26

Comme on le voit, les mamelles ont sensiblement diminué : elles sont bien plus molles, celle de droite principalement, et les lobes deviennent très-distincts quand on vient à saisir la glande entre deux doigts. Par suite de cette diminution de consistance, la mamelle droite est pendante et tend à se pédiculiser; la peau est tendue à la base de la tumeur. Apparition d'une éruption d'acné iodique au-devant de la poitrine.

La mamelle droite tendant à tomber de plus en plus, sa longueur augmente, ainsi que vont le montrer les mensurations :

	Sein droit	*Sein gauche.*
Circonférence,	54 cent.	50 cent.
Longueur,	30	24

Prises au 13 novembre.

21 novembre, mêmes dimensions.

1er décembre. La diminution s'accentue, surtout à gauche, tandis que le sein droit se rattache à la paroi thoracique par un large pédicule. Cessation de la teinture d'iode. On trouve, en même temps, comme mesures :

	Sein droit.	*Sein gauche.*
Circonférence,	53 cent.	49 cent.
Longueur,	34	23

Dans le courant du mois de décembre, on a noté de même la diminution d'une glande et l'augmentation de la glande voisine.

Pendant les mois de janvier et février 1875, des essais méthodiques de compression par le bandage ouaté ont été tentés par notre collègue et ami Ory : mais il n'est arrivé à aucun résultat, et finalement la malade, amaigrie, fatiguée, soupirant après un traitement chirurgical, quitte l'hôpital Saint-Louis sans se trouver en meilleur état.

Elle reste seulement six jours chez elle, puis se fait admettre à l'Hôtel-Dieu, dans le service de M. le professeur Richet. Notre collègue et ami Ledouble signale de plus quelques troubles de la sensibilité, qui est notablement diminuée pour le sein droit : la sensibilité au froid et au chaud est bien nette ; mais la piqüre n'est que faiblement sentie. Volume plus considérable des lobes externes. Etat général bon. A eu autrefois quatre attaques d'hystérie.

Le 9 mars 1875, après une brillante leçon clinique sur cette malade et sur son genre de maladie, M. le professeur Richet pratique l'ablation de la mamelle droite, au moyen du couteau galvanique. Après avoir circonscrit la tumeur par trois incisions courbes, une supérieure, une externe et une interne, et disséqué une partie de la couche cellulo-adipeuse, le chirurgien se voit obligé de terminer l'opération au moyen du bistouri, parce que le couteau galvanique n'est plus assez chaud, l'électricité faisant défaut. Peu d'écoulement sanguin ; on ne lie que quelques artères insignifiantes. Le sein enlevé pesait 1,985 grammes ; avec le sang écoulé, la tumeur pouvait s'élever à 2,200 ou 2,300 grammes. On panse avec des boulettes de charpie et on rapproche faiblement les lambeaux avec des bandelettes de diachylon. Reste à savoir ce que deviendra le sein de l'autre côté ; décroîtra-t-il comme e veulent Hey, Robert, M. R. Marjolin? Continuera-t-il à s'accroître, ainsi qu'incline à le penser M. le professeur Richet, c'est ce que nous verrons par la suite.

Nous avons déjà donné, plus haut, les résultats très-importats de l'autopsie de cette tumeur, puisqu'ils constituent la seule indication un peu précise que nous ayons encore sur l'hypertrophie générale.

Une partie des reproches que je viens d'appliquer au couteau galvanique n'atteint pas l'écraseur linéaire de M. Chassaignac ; mais, pour l'application de cet instrument, il faudrait tomber sur un sein bien isolé, à pédicule le plus étroit possible. On éviterait, nous voulons bien, l'hémorrhagie par cet instrument ; mais que de temps ne faudrait-il pas pour enlever de pareilles tumeurs avec une chaîne d'écraseur ! Nous ne devons pas oublier non plus que la longueur de l'application entraîne un long sommeil chloroformique; car l'étranglement par la méthode de M. Chassaignac est fort douloureux.

Le grand avantage qu'offrent l'écraseur et le couteau galvanique réside, selon nous, en dehors de l'écoulement sanguin qu'ils préviennent, dans ce fait qu'ils s'opposent à l'entrée de l'air dans les veines, cette complication si grave des opérations pratiquées sur le sein et dans le creux de l'aisselle.

Mais, s'il y a des observations sur lesquelles on s'appuie pour conseiller l'ablation d'une mamelle seule, dans l'espérance que la seconde décroîtra de volume d'elle-même, il en est d'autres qui signalent la continuation de la maladie après la première amputation ; nous en avons déjà rapporté un cas (Voy. observ. 19). Le nombre des faits connus n'est pas assez grand pour que nous ayons pu encore nous former une opinion à cet égard. Quoi qu'il en soit, un chirurgien prudent et expérimenté ne courra aucun risque, après l'ablation d'une mamelle, d'attendre quelque temps pour voir l'évolution que suivra la seconde. Si l'opération fait revenir des règles suspendues ou en détermine l'éruption quand elle n'avait pas encore paru, on a des chances pour que le second sein soit entravé dans son processus morbide. Mais nous sommes d'avis que rien ne légitime l'ablation simultanée des deux seins, ce qui ôte aux malades la seule chance qu'elles ont de conserver peut-être plus tard l'un de ces organes.

Nous terminerons ce travail en rapportant deux observations où l'amputation des deux seins fut pratiquée; la première est due à M. Bouyer (de Saintes) ; il y est dit que, quand on extirpa la seconde mamelle, vingt-six jours après la première, ce deuxième sein avait déjà beaucoup diminué. Peut-être, avec un peu plus de patience, cet habile praticien aurait-il pu guérir sa malade sans lui faire subir une seconde opération. Dans le second fait, celui de M. Manec, l'ablation de la première mamelle n'a exercé aucune influence réductrice sur la seconde ; au contraire celle-ci avait pris un accroissement plus considérable dans l'intervalle des deux amputations.

Obs. XXXII. — *Hypertrophie générale des deux seins ; double amputation à vingt-six jours de distance ; guérison.* — Une femme, réglée à 18 ans, avait vu, quatre mois après, à la suite d'une suppression des règles, les mamelles, qui jusqu'alors avaient été peu développées, devenir le siége de douleurs, et commencer à grossir, la gauche d'abord, puis la droite, dans une proportion telle qu'au bout d'un an, le sein gauche présentait 45 centimètres de longueur de la base au mamelon, 80 centimètres de circonférence à la partie moyenne, et 67 centimètres au pédicule.

Le sein droit avait la même dimension, à 1 centimètre près. Ces deux mamelles, piriformes, d'un rouge violacé, étaient sillonnées par des veines sous-cutanées nombreuses ; elles offraient une consistance molle à la périphérie, et plus profondément une grande quantité de noyaux durs, du volume d'une noix ou d'une noisette, réunis par des cordons résistants.

En 1842, on eut recours à une ponction qui ne donna issue qu'à du sang, puis à une application de potasse qui n'eut aucun résultat. Lorsque M. Bouyer vit la malade en juin 1844, trois mois après le début de l'affection, sauf un peu de maigreur, l'état général était bon ; le ventre était entièrement recouvert par ces immenses tumeurs qui descendaient jusqu'aux genoux, et dont le poids, estimé à 15 kilogrammes chaque, forçait la malade à garder le lit depuis deux ans.

L'opération fut pratiquée le 24 juin. Pour prévenir l'hémorrhagie, un aide fut chargé de comprimer le pédicule de la tumeur entre deux fortes lames de baleine. Néanmoins, la division de deux artères du volume d'une plume d'oie, situées au centre de la tumeur, laissa écouler, en quelques secondes, près de 1 kilogramme de sang ; de nombreuses artérioles furent liées ; on ne réunit qu'incomplètement la plaie, dans le but de laisser un foyer temporaire de suppuration ; il y eut peu de fièvre, et la cicatrisation était presque complète le vingt-sixième jour lorsqu'on enleva le sein droit *qui avait diminué notablement de volume.* Cette opération ne fut suivie que d'une hémorrhagie peu considérable ; en deux mois, tout était fini. La santé générale devint excellente, les règles reparurent ; tout le corps reprit de l'embonpoint. Le sein gauche pesait 30 livres et demi, et le sein droit 29 livres et demi.

Après la double opération, la malade pesait 101 livres ; on lui avait donc enlevé le tiers de son poids. Les tumeurs étaient constituées par un tissu graisseux au milieu duquel se trouvaient des noyaux glandulaires non dégénérés, mais excessivement hypertrophiés (1).

Obs. XXXIII. — *Hypertrophie des deux seins ; double amputation ; guérison.* — Jeune fille de 17 ans, d'une taille un peu au dessous de la moyenne, d'une constitution délicate et d'une physionomie agréable, paraît avoir joui d'une bonne santé jusqu'à l'âge de 15 ans, époque où elle s'est aperçue, pour la première fois, que ses seins prenaient un développement considérable. Elle n'était pas encore réglée à cette époque. Ce n'est qu'un peu plus tard, à 16 ans, qu'eut lieu la première éruption menstruelle. Depuis ce moment, ses seins n'ont cessé de s'accroître, au point d'avoir acquis, en deux ans, les proportions énormes qu'ils présentent aujourd'hui.

Les mamelles de cette jeune fille représentaient deux énormes appendices pédiculés tombant sur la poitrine et sur le ventre, qu'ils recouvrent presque en totalité jusqu'au pubis. Mesurées dans la partie qui présente le plus grand développement, elles avaient une circonférence de 75 centimètres à gauche et de 72 à droite. La circonférence de leur pédicule était de 50 centimètres-environ ; leur poids, autant qu'il a été possible de l'apprécier, de 6 kilogrammes et demi pour la droite, et de 7 kilogrammes pour la gauche, qui paraissait un peu plus développée. La peau qui

(1) Bouyer (de Saintes). In Archives générales de médecine, 4e série, t. XXVI, 1851.

recouvre ces immenses glandes mammaires (car comme on le verra
tout à l'heure, il ne s'agit ni de cancers, ni de tumeurs adénoïdes
ni de lipômes, mais bien d'une simple hypertrophie du tissu glandulaire ainsi que de tous les éléments anatomiques, tissu cellulaire
graisseux, peau, etc., qui entrent dans la composition normale du
sein), la peau, disons-nous, ne paraissait, en aucun point, avoir
subi aucune altération, aucune modification dans sa texture, elle
était blanche, douce au toucher, souple, mobile sur les parties
sous-jacentes; elle offrait, en un mot, tous les caractères du tégument normal du sein; aussi n'était-elle ni épaissie; ni hypertrophiée comme dans l'éléphantiasis, par exemple, ni éraillée et
amincie, comme le sont habituellement les téguments qui ont subi
une distension considérable et rapide. Elle n'était tiraillée seulement qu'à la naissance des seins, aux pédicules, là où elle suppor-
tait tout le poids du sein dans la station debout. Le mamelon
n'existait pas, ou, du moins, il était aplati, presque entièrement
effacé; mais sa place était parfaitement indiquée par l'aréole,
d'une teinte légèrement brunâtre et extrêmement large.

On remarquait, vers la racine des deux seins et sur le petit
espace de la paroi thoracique qui les sépare, un développement
exagéré du système veineux sous-cutané.

Enfin, en explorant avec soin les divers points de ces deux mamelles, on sentait partout, à travers la peau, la consistance et la
sensation que donnent au doigt les tissus lobulés de la glande
mammaire.

Ajoutons que ces seins n'ont jamais été le siége d'aucune douleur ni même d'aucune sensibilité anormale, et que la pression et
la palpation n'y étaient nullement pénibles. Mais ils étaient, on le
comprendra aisément, pour cette jeune fille plus qu'une infirmité
pénible; c'était pour elle une cause de gêne extrême et continue,
qui l'a engagée à venir demander un remède aux chirurgiens de
la capitale. On comprend d'ailleurs aussi qu'un semblable travail
de nutrition anormale n'a pu s'opérer depuis deux ans, sans pré-
judicier d'une manière sensible à la santé générale et sans mena-
cer surtout l'avenir. Aussi cette jeune fille avait-elle sensiblement
maigri. Mais la fonction qui avait le plus notablement souffert de
cet état, c'était la fonction menstruelle, la malade a à peine vu ses

règles cinq ou six fois, et d'une manière très-irrégulière depuis deux ans. On a soumis cette malade, dans son pays, à plusieurs médications, mais sans aucun effet. Entre autres moyens elle a été mise à l'usage de l'iodure de potassium. Mais le seul résultat de cette médication a été de produire un amaigrissement général, tandis que les mamelles, loin de s'atrophier, ne faisaient que se développer de plus belle.

Bref, après mûr examen, et après avoir recueilli l'avis de M. Velpeau, son collègue de la Charité et celui de plusieurs médecins et chirurgiens qui sont venus voir la malade, avis tous unanimes et tous conformes au sien propre, à savoir : qu'il n'y avait qu'un seul moyen à opposer à cette énorme hypertrophie, l'amputation, M. Manec se décida à pratiquer cette opération, désirée vivement, d'ailleurs, par la malade elle-même. Il fut décidé, bien entendu, vu l'énorme perte de substance qui devait résulter d'une semblable opération, qu'elle serait faite en deux fois.

La première opération fut faite le 24 novembre; c'est le sein gauche, le plus volumineux, qui a été enlevé le premier.

Nous n'insisterons pas ici sur les détails de l'opération..... Nous signalerons seulement une circonstance qui a contribué à rendre cette opération extrêmement longue et laborieuse. C'est, indépendamment des difficultés mêmes de la dissection, le développement excessif du système vasculaire, qui a nécessité un grand nombre de ligatures; on n'était même pas sans préoccupation sur le danger que pouvait avoir la section des veines volumineuses qui rampaient à la surface, et surtout vers la racine de la mamelle.

L'opération terminée, la mamelle fut mise dans une balance : elle pesait exactement sept kilogrammes et demi, ou quinze livres. Il est bon de noter qu'il avait été perdu une grande quantité de sang, qui avait dû nécessairement en diminuer un peu le poids.

Les suites ont été des plus heureuses, sauf toutefois un léger accident survenu dans la nuit du troisième au quatrième jour de l'opération, une légère hémorrhagie qui a fait craindre une congestion pulmonaire, et qui heureusement n'a pas eu lieu. La plaie, réunie par un grand nombre de points de suture, et recouverte, pour tout pansement, de gâteaux de charpie mouillée, a marché rapidement vers la cicatrisation, qui était complète vers le 10 décembre.

Le 14 décembre, comme M. Manec se disposait à pratiquer la seconde opération, une éruption menstruelle abondante, qui n'avait pas eu lieu depuis plusieurs mois, obligea à l'ajourner. Celle-ci fut faite le 26 décembre. Elle n'a présenté rien de particulier à signaler en ce moment. Il importe de noter ici que, dans le court intervalle d'un mois écoulé entre ces deux opérations, la mamelle restante (la droite), avait subi un surcroît d'accroissement tel, qu'elle avait dépassé le poids et le volume du sein gauche. Du poids de six kilogrammes et demi qu'elle avait lors du premier examen, au mois d'octobre, elle en était venue à peser huit kilogrammes lors de la seconde opération, c'est-à-dire une livre de plus que la mamelle gauche. Elle avait ainsi gagné, en moins de deux mois, et surtout pendant le dernier mois, un kilogramme et demi, c'est-à-dire trois livres.

Les suites de cette seconde opération ont été encore plus simples que celles de la première. Du troisième au quatrième jour, elle a eu seulement un peu de mal de tête, mais sans toux ni oppression, ni hémoptysie.

Le quatorzième jour, il est survenu de nouveau de la céphalalgie, cette fois avec un peu d'oppression, de mal de cœur, et quelques épistaxis. M. Manec se disposait à appliquer quelques sangsues aux cuisses pour provoquer les règles, lorsqu'elles sont venues spontanément. Dès ce moment, tout s'est calmé. La plaie était complètement guérie du 15 an 20 janvier. Cette jeune fille, dont l'état est satisfaisant, et qui n'est qu'un peu anémiée, a quitté l'hôpital, heureuse d'être débarrassée de ses deux monstrueuses mamelles (1).

(L'examen anatomique des mamelles fut fait avec le plus grand soin. L'hypertrophie portait sur tous les éléments du sein, mais principalement sur la partie glandulaire. Les *canaux galactophores étaient énormément agrandis*, et, dans quelques points, leur cavité aurait pu recevoir le petit doigt. Ces canaux étaient remplis, par places, d'un liquide séro-muqueux, et, dans d'autres lieux, de véritable lait.

M. Manec a bien voulu nous apprendre que la malade s'était

(1) Gaz. des hôp., 1859, n° 12, p. 45.

mariée depuis, et qu'elle avait eu quatre ou cinq enfants. A l'époque où, physiologiquement, les seins se développent par la lactation, des douleurs se sont manifestées dans les cicatrices, et les glandes de l'aisselle se sont engorgées. Puis, au bout de peu de temps, tout est rentré dans l'ordre.)

Pour condenser, en quelques mots, ce chapitre, un peu long, peut-être, voici quelles seraient, selon nous, les indications auxquelles on devrait obéir, en présence d'un malade affectée d'hypertrophie générale des deux seins, suivant l'état qu'elle présente, et la période à laquelle elle vient vous consulter.

D'une façon générale, tous les moyens palliatifs à employer doivent tendre vers un seul but, décongestionner les seins : c'est ainsi que l'on essaie de ramener les règles chez les malades où elles ont été supprimées, et de les provoquer quand elles n'ont pas encore paru : la sympathie qui existe entre l'appareil de la lactation et les organes génito-urinaires explique suffisamment la diminution de la mamelle qui a lieu parfois dans ces cas.

Au début, et chez les sujets pléthoriques, un traitement antiphlogistique est indiqué : saignée générale ou sangsues; diète végétale et peu substantielle. Les excitations génitales devront être évitées.

Un peu plus tard, le traitement iodé sera institué, puis abandonné et repris, soit pour tenter d'amoindrir la tumeur, soit pour tâcher d'en obtenir la pédiculisation; en même temps on se servira d'applications topiques, de pommades à l'iodhydrate de potasse, à l'iodure de potassium et de mercure. On pourra se trouver bien quelquefois aussi de la compression, suivie avec méthode, au moyen d'une bande de flanelle ou d'une bande de caoutchouc.

Mais, lorsque l'on aura affaire à une malade arrivée à la seconde période de la maladie, présentant les seins d'un volume extraordinaire, croissant toujours sans aucune tendance à un état même stationnaire, on sera autorisé à recourir à un traitement radical, je veux parler de l'amputation d'une mamelle ou même de deux. Qu'on n'accuse pas ici le chirurgien de complaisance; il n'agit que parce qu'il y est forcé, d'une part par la femme qui le supplie de la débarrasser d'une aussi grande cause de gêne, d'autre part par l'idée que la tumeur ne saurait guérir autrement, tous les autres moyens ayant échoué. C'est alors qu'il tentera de n'opérer qu'un sein et d'attendre quelques semaines ou quelques mois, dans l'espoir de voir s'arrêter l'hypertrophie dans le second.

Enfin, en désespoir de cause, si la maladie continue sa marche envahissante, il se décidera à pratiquer une seconde opération, à l'exemple des habiles et heureux praticiens qui ont jusqu'ici tenté cette chance ultime de guérison.

CONCLUSIONS.

En résumé, nous croyons pouvoir tirer légitimement de notre travail les conclusions suivantes :

1ᵉ L'hypertrophie générale de la glande mammaire chez la femme se caractérise le plus souvent, au point de vue anatomique, par l'augmentation de tous les éléments normaux de la glande en dehors de la grossesse ou de la lactation , c'est-à-dire par une production exagérée du tissu fibreux, et par l'élargissement des canaux galactophores, çà et là distendus et resserrés, et gonflés, soit par un liquide muqueux, filant, transparent, soit par du lait, soit enfin par des masses de caséum ou de graisse. Nous serions donc disposé à admettre l'opinion de Virchow, qui en fait un fibrôme diffus.

2ᵉ Elle reconnaît pour causes toutes celles qui influent sur l'activité de la mamelle et celles des organes génitaux : spécialement les troubles du côté de la menstruation, la grossesse, les excitations sexuelles répétées ; on rencontrera aussi comme causes peut-être la diathèse scrofuleuse, les violences extérieures, et enfin certainement une prédisposition individuelle, qu'il faut bien admettre quand on ne découvre pas autre chose.

3º Les signes les plus communs que l'on observe sont la gêne de la respiration et de la locomotion causées par le volume et le poids des seins. Deux périodes:

dans la première, augmentation de volume du sein qui est saillant et globuleux; dans la seconde, état mou, flasque, de l'organe, qui tend à se pédiculiser.

4° La maladie peut se compliquer d'une affection intercurrente du côté du sein ou en dehors de lui. Sa marche peut être plus ou moins rapide, selon la cause qui l'a produite.

5° Son pronostic est toujours défavorable. Son traitement peut être palliatif ou curatif. Dans le premier cas, on emploie les moyens propres à empêcher l'augmentation de volume du sein : dérivatifs, régime herbacé, rubéfiants à distance, et l'on essaie de rappeler les règles si elles se sont supprimées. Dans le second ordre de faits, on administre l'iode, soit à faibles doses, suivant la méthode de Lugol, soit à hautes doses, et, selon nous, pour provoquer un travail de désassimilation qui entraîne l'atrophie du tissu cellulo-adipeux et la pédiculisation plus rapide de la tumeur mammaire. Enfin on essaiera la compression, les saignées, les scarifications. Finalement on aura recours à l'amputation d'un sein ou des deux, en ayant soin de laisser, entre les deux opérations, un temps suffisant pour s'assurer que le second sein n'a pas une tendance à décroître après qu'on a enlevé le premier.

BIBLIOGRAPHIE.

Welser. *Augsburger Chronik vom Jahre* 1591, VII. Band, S. 104.

Johan. Schenkii. *Observationes medicæ.* Francof. ad Oder, 1609, lib. II, de mammillis, p. 331.

Phil. Palmuthi. *Observationum medicarum centuriætres posthumæ.* Brunswig, 1648, cent. II, observ. 89.

J. Varandæi. *Opera omnia.* Lugduni, 1658, lib. III, cap. III, *de mammis mulierum.*

J. Sennerti. *Practic. medicinæ,* 3e édit., 1660, lib. IV, pars III, sect. I, cap. I.

Durston. In *Bibliotheca de Manget,* tom. III, liv. II, p. 252, ou in *Philosophicæ Transact.,* n. 32, tom. II, p. 1047-1068, 1669.

Petr. Romelius. In *Miscellaneis curiosis,* dec. III, ann. IV. Lips. et Francof urti, 1679, observ. XVII, p. 37.

Th. Bartholini. *Epist.,* cent. III, histor. 46, tom. II, p. 93.

Th. Boneti. *Polyalthes, s. thesaurus medico-practic.* Genevæ, 1691, t. III, lib. V, cap. XXIX, p. 371.

Schurig. *Parthenologia.* Dresdæ, 1729, p. 183.

Baumlein. In *Commerc. literar.* Norimbergæ, 1748, p. 407.

Petr. Borelli. *Historiarum et observationum centuriæ IV.* Parisiis, 1757, centur. I, observ. 48, p. 50.

Ephemerides naturæ curiosorum. Norimbergæ, centur. I, observ. 67.

Gerh. Van Swieten. *Commentaria in H. Boerhaave Aphorismos de cognoscendis et curandis morbis.* Lugd. Batav., 1764, tom. IV, de morbis virginum, p. 394.

K. S. Schmalz. *Seltene medicinische und chirurgische Vörfalle.* Leipz, 1784.

F. B. Osiander. *Denkwurdigkeiten für die Heilkunde und Geburtshulfe.* Göttingen, 1794, II, Bandes IV, Stück, 2, s. 236.

Iverg. In Hufeland's *Journal der prakt. Heilkunde.* Berlin, 1801, XIII Band.

F. J. Jördens. In Hufeland's *Journal,* etc. Berlin, 1801, XII Bandes, Stück I, S. 28.

W. Hey. *Practical observations in Surgery.* 2e édit. London, 1810, p. 500.

C. H. Dzondi. *Beiträge zur Vervollkommnung der Heilkunde in medicinischer und physischer Hindsicht.* Halæ, 1816, I Theil, S. 81, u. f.

Delfis. In *Journal de physiologie expérimentale et pathologique,* de Magendie. Paris, 1825, tom. V, p. 396.

Schaal. In Rust's *Mazagin fur die gesammte Heilkunde.* Berlin, 1825, XIX Band, Heft 2, S. 360.

Chirurgische Handbibliothek, V. Band.

Anderson. In *Quarterly Journal of the medical science*. London, april 1826, p. 301.

J. Cumin. In *Edinburgh medical and surgical Journal*, april 1827.

Horn's. *Archiv für medic. Erfahrung*. Berlin, 1827, heft 4, S. 694.

L. Kober. *Dissertatio inauguralis medica sistens observationem incrementi mammarum rariorem*. Lipsiæ, 1825.

L. Cerutti. In H. L. Meckel's *Archiv. für Anatomie und Physiologie*, 1830, Nr. II und III, S. 287.

Masson de Kerloy. In *Revue médic. franç. et étrangère* Paris, juin 1831.

Fr. Guill. Nevermann. *De mammarum morbis curandis commentatio medic. chirurg*. Rostochii, 1831, S. 20-22.

Behrend. *Repertorium der med. chirurg. Journal* V. Jahrg, mai 1834.

Huston. In *The American Journal of medical sciences*, tom. XIV, 1834, p. 374.

Hunter Lane. In Schmidt's *Jahrbucher der in und Auslandischen gesammten Medicin*, 1835, S. 171.

Joan Wanieczek. *Dissert. inaug. medic. sistens observationem hypertrophiæ, mammarum, adnexa epicrisi*. Pragæ, 1835.

Fingerhuth. In *Zeitschrift für die gesammte Medicin*, 1er semestre, 1837. Traduit in *Archiv génér de medecine*, 2e série, tom. XIV, 1837, p. 446.

Astley Cooper. *Œuvres chirurgicales*. Traduction par MM. Chassaignac et Richelot, Paris, 1838.

Hecker. In *der medic. Zeitung herausgegeb. vom Vereine fur Heilkunde in Preussen*. Berlin, 1839, Nr. 19.

Renoud. In *Archiv. génér. de méd.*, 1839, tom. IV, p. 377.

F. A. Skuhersky. *Enorme hypertrophie beider Brüste*, in Weitenweber's *Neue Beiträgen zur Medecin und Chirurgie*. Prag., 1841, jauvier et février, S. 42-64.

C. G. Carus. *Lehrbuch der Gynaekologie*. Leipzig, 1841, III Aufl., I Theil S. 393.

S. Ashwell. In *Guy's hospital Reports*, 1re série, tom. VI, p. 202, 1841. Traduit in *Gaz. des hôpit.*, 1842, n. 30, p. 139.

D. W. H. Busch. *Das Geschlechtsleben der Weibes*. Leipsig, 1843, IV Band, S. 375-377.

Malgaigne. In *Gaz. des hôp.*, 1844, n° 150, p. 599.

Fr. L. Meissner. *Die Frauenzimmerkrankheiten nacht den Neuesten Ansichten uud Erfahrungen*. Leipsig, 1845, II Bandes, I abtheilung, S. 164-475.

Ferrus (d'Alger). In *Gaz. des hôp.*, 1846, n. 90, p. 358.

W. E. Image et T. G. Hake. In *Medico-chirurgical Transactions*, t. XXX, 1847, p. 105 (avec planche).

Ripault. In *Bullet. de la Soc. anatom.*, XXIIe année, 1847, p. 90.

Weitenweber. *Uber die hypertrophie der Bruste*, in *Viertetjahrschrift fur die praktische Heilkunde*. Prag., 1847, XIII Band, origin. aufs. S. 80.

Bouyer (de Saintes). In *Bullet. de l'Acad. de médecine*, tom. XVI, 1850-51, p. 758, et in *Archiv. génér. de méd.*, 4e série, tom. XXVI, 1851.

DEVILLE. In *Traité des maladies du sein*, etc., de Velpeau, 1854, p. 234.

VELPEAU. *Traité des maladies du sein et de la région mammaire*. Paris, 1854, p. 231.

ROUSSEAU. In *Revue médico-chirurgicale*, 4e année, tom. IV, 1856, p. 596.

ESTERLE. In *Annali universali di medicina*, tom. CLXII, 1857, p. 53, et in *Gaz. médic.* de Paris, 1858, p. 678.

NÉLATON. *Pathologie chirurgicale*, tom. V, p. 33, 1857.

PÉTREQUIN. *Anatom. médico-chirurg.*, p. 231, 1857.

DEMARQUAY. In *Gaz. médic, de Paris*, 1859, p. 818.

MANEC. In *Gaz. des hop.*, 1859, n. 12, p. 45.

LOTZBECK. In Schmidt's *Jahrbucher*, etc., tom. CVI, p. 51, 1860.

VIDAL (de Cassis). *Traité de pathologie externe*, tom. IV, p. 810, 4e édit., 1855.

C. J. GRAHS. In Schmidt's *Jahrbucher*, etc., p. 44, tom. CXVIII, 1863.

R. SACAZA. *Des tumeurs du sein au point de vue du diagnostic différentiel et du traitement*. Thèse de Paris, 1867.

R. VIRCHOW. *Pathologie des tumeurs.* Traduction de Aronssohn, tom. I, p. 325, 1867.

R. MARJOLIN. *Bulletins de la Société de chirurgie de Paris*, 2e série, t. IX, p. 342, 1868.

P. BROCA. *Traité des tumeurs*, tom. II, p. 460, 1869.

MAC SWINEY. In *the Dublin quarterly Journal of medical science*, t. XLVIII, 1869, p. 500 (avec gravure), et t. XLIX, 1870, p. 349.

CADIAT. *Du développement des tumeurs cystiques du sein*, Paris, 1874.

TABLE DES MATIÈRES.

Paris. A. ...., imprimeur de la Faculté de Médecine, rue Mr-le-Prince, 31.